カオスとフラクタル

山口昌哉

筑摩書房

目　次

はしがき

第1章　非線形とは何か ………………… 13
1　非線形の法則　13
2　決定論と非決定論　18
3　ランダムな数列をつくるしかけ　32
4　なぜそうなるのか？　40

第2章　個体群生態学での非線形とカオスの発見
　………………… 51
1　人口論のはじまり　51
2　ベルハルストのロジスティック　57
3　ロジスティック式の実験によるたしかめ　64
4　内田俊郎氏の仕事　70
5　ロバート・メイの数値実験　77

第3章　カオスの物理・カオスの数理 ………… 91
1　乱流についてのローレンツの研究　91
2　リーとヨークの定理　99
3　メイとリー，ヨークの出会い　106
4　シャルコフスキーの定理　109
5　ランダムとカオス　111

6　カオスのもう一つの意義，ランダムへの
　　　みちすじ，ファイゲンバウムの比　113
　7　新しい共通の研究テーマとしてのカオス　117

第4章　工学および数値解析とカオス　119

　1　ストレインジアトラクターとは　119
　2　自動制御とカオス　126
　3　スメールの馬蹄力学系とカオス　128
　4　2次元カオスの数理（ホモクリニックな点）　131
　5　数値解析でのカオス　136
　6　カオスの予言　140
　7　離散力学系のエントロピー　143

第5章　カオスからフラクタルへ　145

　1　ニュートンの枠組をこえる　145
　2　フラクタル　153
　3　二つ以上の縮小による自己相似　153
　4　カオスの逆プロセス　162
　5　2次元の自己相似集合　166
　6　ジュリア集合とマンデルブロー集合　175
　7　ハウスドルフ次元（フラクタル次元）とは　188

第6章　カオスとフラクタル――今後の展望　193

　1　数学はどうなるだろうか　194
　2　生物学および生理学との関係　196
　3　物理学にとってのカオス　197

参考文献　198
あとがき　199
解説　「カオスとフラクタル」今昔　（合原一幸）　201
索引　212

カオスとフラクタル

はしがき

　今からほぼ10年前，リーとヨークの数学の論文にはじめて「カオス」という言葉が用いられた．
　一方，同じ頃1975年，マンデルブローがフランス語で数学エッセイ『フラクタルなオブジェ・形・偶然・次元』という本を出版した．
　この二つは，それぞれ数学と科学の世界に一つのショックをあたえた．ただし出版された当初はこの二つのことに関する反響はいささかちがっていた．
　カオスの方は数学者，物理学者のなかで，興味をもつ研究者が続出して，それ以後，多くの研究がなしとげられた．何しろ，決定論的プロセスと非決定論的プロセスとの境目がなくなるのであるから基礎的な発見であると考えられた．一方フラクタルの方は，その反響はゆっくりとしていた．少なくとも数学者にとってはそうであった．既に1930年代に発見されていたハウスドルフ－ベシコヴィッチの次元を，実際に複雑な対象に適用するということで，数学者にとっては何をいまさらという気があったに相違ない．事実，この本を購入した数学教室は日本ではあまりなかった．

ところが70年代のおわりあたりから,フラクタルは俄然,物理学者,地理学者,さらには建築・美術・哲学などの分野の人達の注目をあびてきて,一躍話題の中心になった.

それは一つには,コンピュータの発達,ディスプレイの進歩とともに,この美しい図形を多数の人が楽しむことができるようになったこと,物理学の進歩,特に観測技術の進歩が,自然の中にあるフラクタルな形をとり出すのに成功したことにも原因がある.

1985年には,科学,特に物理学の重要な仕事にあたえられるコロンビア大学のバーナードメダルが(これは1895年にレイレイ卿とラムゼイ卿にあたえられて以来,5年に一度科学における重要な業績にあたえられるメダルであるが,レントゲン,ベッケレル,ラザフォード,アインシュタイン,ボーア,ハイゼンベルグ,ジョリオ・キュリー,フェルミ等著名な人達がもらっている)マンデルブローに贈られた.彼はさらに1986年には,フィラデルフィアのフランクリン協会からフランクリンメダルをも授けられた.

カオスの方も常に研究は拡大して,これにもとづく物理学がつくられはじめている.

このように有名になった,カオスとフラクタルを,それがどんなものかをわかりやすく解説したのが本書である.特徴としては,この二つのこと,つまりカオスとフラクタルが,別々のものではなくて,実はカオスのプロセスを逆

に見る見方からフラクタルが出てくることを説明した．

　ただ解説するだけでは面白くないので，このような状態にたちいたった由来を，非線形の研究の歴史をふりかえり，さらにカオスが発見されるまでの様子を 1960 年からはじめて，少し物語ふうに書いた．こういう発見は，今となって見れば，日本人こそ，もう少し広い視野と交流があればできたことではないかと思う．残念ながら，現在の日本は流行を追うことに忙しく，世界に流行をつくり出すことは，結局ほとんどだれ一人関心がないのではないかと思われる．

　　1986 年 5 月

山口 昌哉

第1章 非線形とは何か

1 非線形の法則

　非線形という言葉は普通にはあまり聞かない言葉であるかもしれない．そういえば線形という言葉も日常的な言葉ではない．たとえば，ある水槽に1分間に 0.4ℓ の一定な速度で蛇口から水を入れるとする．はじめに一滴も水が入っていないとすると，入れはじめてからの時間 t に比例して水槽中の水の量はふえてゆく．そのときの比例定数は 0.4 であって，水槽中にたまった水量 v は t の関数

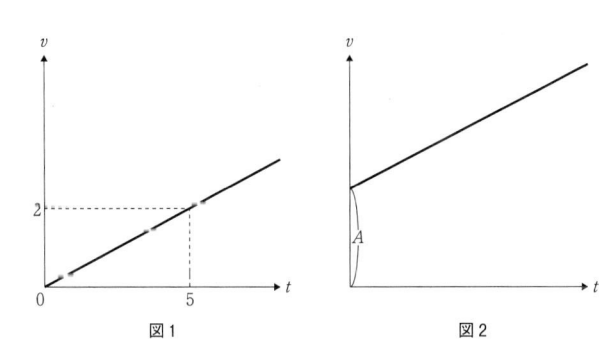

図1

図2

$$v = 0.4t$$

であり，これをグラフにあらわせば図1のように原点を通る直線である．またはじめ $t=0$ のとき $A\ell$ の水が既にあったのであれば，やはり傾きが0.4の直線であるが，原点を通らず $t=0$ で A という切片をもつ直線になる．

このようにグラフが直線であらわされるような法則を線形な法則とよぶ（独立変数の1次関数といってもよい）．しかしこれで線形な法則すべてを尽しているわけではなく，グラフの縦軸を対数尺でとってみたときに，直線になるようなものも，やはり線形な法則とよぶ．

つまり従属変数の対数を従属変数とみて独立変数の1次関数になっている場合である．科学者のつかう意味は，これよりもさらに広く，未知の法則を規定している未知関数と，その導関数が1次の関係（この関係が微分方程式とよばれる）でむすばれているとき，この微分方程式であらわされる法則は線形な法則であるとよぶ．この立場から見れば最初の例は v を未知関数とすると，

$$\frac{dv}{dt} = 0.4 \qquad v(0) = 0 \text{ または } A$$

が微分方程式であり，第二の対数尺を縦軸にとっての方程式は

$$\frac{d\log v}{dt} = a \quad \text{は} \quad \frac{1}{v}\frac{dv}{dt} = a$$

と書けるので v を両辺にかけると

$$\frac{dv}{dt} - av = 0$$

という特別な v と $\frac{dv}{dt}$ に関する 1 次式となる.

　一言でいえば，線形とは，原因と結果が何らかの意味で比例的であるということである.

　ところでこのような線形，非線形の区別が何を意味するのかということを，この本ではくわしく述べることになる. まず書いておきたいことは，この区別が社会的にも影響をもつ大きな歴史上のできごとを契機に，科学者の間に認識されてきたことだ. その例をポントリャーギンの教科書を参考にして考えてみよう.

　1800 年代，ワットの蒸気機関が発明され，この新しい動力はいろいろな方面に利用された. なかでももっとも重要な利用は，ヨーロッパ各地やロシアで，鉱山のポンプや巻上げ機を動かすために用いられた蒸気機関であって，この利用により各鉱山の生産は大変な勢いで上がっていった.

　生産のスケールが上がるとともに，用いられる蒸気機関の大きさも必要に迫られて比例的に大きく改造されていった. ところがである.

　この大きくした蒸気機関は，ある時期にいっせいにうまく作動しないことが判明した. このことを解明したのがヴィシニィグラッキーの研究であった. ここに線形から非線形への移り変わりが見事に示されているので，できるだけ簡単に説明しておきたい.

遠心制御装置

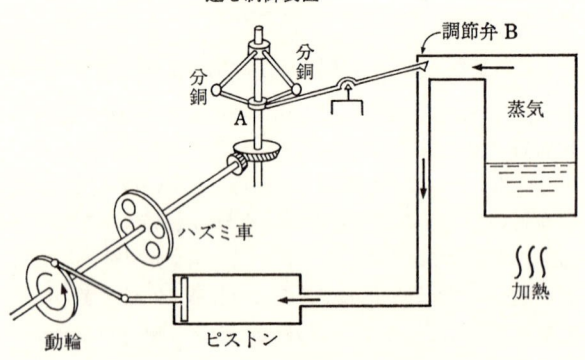

図3 非線形の最初の問題——遠心制御装置

　ワットが発明した蒸気機関は蒸気の力によってピストンを動かし車を回転させるものであるが、この運動が滑らかに安定して続くように遠心制御装置がついている。そのはたらきは図3のようになる。

　図中、ピストンに入った蒸気によってピストンが押し出され動輪がまわり、これが巻上げ機を巻き上げたり、ポンプを動かしたりするのであるが、この回転速度が速くなり過ぎた場合、遠心力で二つの分銅がAという輪を上に上げ、それに連動した調節弁Bが蒸気の噴出をおさえ、したがって回転の速度がおさえられる。ところが、高度成長によって、需要が高まると、鉱石の生産を上げる必要が生じ、そのためにこの蒸気機関の装置そのものの各部分が比例的

に，大きく改造されていったわけである．ところがそのようにシリンダーや，この遠心制御装置を比例的に大きくしていっても，いたるところの鉱業所で蒸気機関が故障してしまったわけである．

ヴィシニェグラツキーは上の蒸気を定圧におさえるための制御装置，調節弁は比例的に大きくした場合，用をなさないことを証明し，新しい比例的でない設計法を提案したのである．まさに比例的でない考え方，つまり非線形の最初の重要な結果であるといってさしつかえないであろう．

実際に二つの量が比例的に増えることは世の中にはあまりなく，たとえば，人間の身長の成長の仕方も比例的ではない．もっとも成長の速い十代のはじめには1年に1cm伸びる人だってたくさんいる．もし時間と身長が比例するなら70歳の人は2m以上の身長になるべきであるが，そんなことはない．生きているものの成長は非線形的で，必ずどこかで飽和する．

ところで先の蒸気機関の話は第一次の産業革命のあとの話であるが，最近，この非線形が再び大きな役割をになうこととなった．

それは決定論と非決定論という二分法がもはや成立しないことを非線形から証明したのである．この発見にはコンピューターの利用が大きな役割をはたしていることが面白い．

2　決定論と非決定論

　世の中では，未来におこるできごとを予測しようとして法則というものを考える．簡単なものでは前に述べたような線形の法則で，一定の速度で水が出る水道の蛇口から，1時間に 0.4ℓ の割合で水を出しているとしよう．蛇口からの水を受けている水槽には，いま既に 9ℓ の水が入っているとして，そのまま蛇口から水を流しておくと，t 時間後の水槽の水量 v を予測する法則はどうかというと，それは前に述べたことと同じように

$$v = 0.4t + 9$$

という式で書け，前節の言葉を用いれば線形の法則とよんでよいだろう．ここではじめに決めた 9ℓ は，予測をする時点（現在）での状態なので，これを初期値または初期条件という．

　つまり，法則と初期値をあたえれば現在から t 時間後の状態を簡単に予測できるというわけである．このような種類の法則には次のような特徴がある．

(1)　初期値を一つ決めておくと，t での答の値は唯一つ決定する．

(2)　初期値の値を少し変化させる．たとえば，今まで 0.4ℓ であったのを 0.42 とする．そのとき，同じ法則をつかって出た t 時間後の v の値は少ししか変わらない．

この二つの性質を線形の法則はいつでももっている. 第一番目の性質をもっているような法則を決定論的な法則と普通いっている. ところでこのような (1) の性質は必ずしも線形法則だけがもっている性質ではない. たとえばよく例に出されるバクテリアの増殖の場合にも, この場合は非線形とも考えられるが, やはり決定論的な法則である. たとえば1匹のバクテリア (この場合はこの1匹の1が初期値) が分裂して1分間に2匹に分かれる場合に, n 分経過したあとのバクテリアの個体数 P は

$$P = 2^n$$

という法則で支配される. この場合は初期値を1としたのであるが, はじめ a 匹いて, そのすべてが分裂して2倍2倍と増えていく場合は

$$P = a \cdot 2^n$$

となる. したがって初期値 a をあたえ, 時間 n を決めれば, 法則は線形ではないが, 初期値に対して唯一つの答の P が定まるわけである. したがってこれも決定論的な法則といえるだろう. 第2の性質も OK である.

一方, 非決定論的とよばれる法則とはどんなものだろうか? もっとも代表的なものに硬貨投げとサイコロ投げがある. 硬貨投げについて説明しよう.

今1枚の硬貨をもっているとして, これを何回も何回も投げることを繰り返そう. 第1回目に投げたとき表であったとして, これを初期値と考えよう. 第2回目に表がでるか裏がでるか, それは全く予測できない. もしこの硬貨が

公平につくられていたとすると、表がでる確率と裏がでる確率は等しく2分の1と考えられる。ますます第2回目も第3回目も表がでるか裏がでるかを予測できないわけだ。

ただよくいわれるのは確率を考えて、第2回目に表のでる確率だとか、2回続けて表のでる確率などを計算できる。しかしこれと今までに述べた決定論的な法則とは全く違うように思える。今の硬貨投げの例では、第1回目に表がでたこと（初期値）から、決して第n回目に表がでるか裏がでるか、それを確定できない。このように、初期値から、将来の状態を確定的に定められないような法則もあるわけだ。法則といってはいけないかもしれないが、確定はしないが確率論的には推定できるので確率的法則、ストカスティックな法則とも呼ばれている（ランダムな法則ともいう）。

今まで述べた2種類の法則はいずれも、x_0という初期値があって、それからはじめの例ではn時間たったときの水の量、第2の例では第n代のバクテリアの個体数を、それぞれx_nという、番号付きの数であらわすと、

$$x_0, x_1, x_2, \cdots, x_n, \cdots$$

という無限の数列が得られる。ここまでは非決定論の方でも同じと考えられる。

それでは第3の例で硬貨の表がでることを1であらわし、裏がでることを0であらわそう。そういう書き方をすることにして、この硬貨投げを無限の回数試みることにして、その記録を記しておくと、第1回を初期値x_0として、

この x_0 は 1 か 0 である．第 2 回 x_1，第 3 回 x_2 というふうに，第 n 回では x_{n-1} となり，この x_n はいずれも 1 か 0 という数にはなる．

けれども今までの例と同じように，

$$x_0, x_1, x_2, \cdots, x_n, \cdots$$

という数の無限の列ができる．確率のほうでは時系列といっている．そして繰り返していうならば，はじめの二つの例（決定論）の方では，いつも x_n から次の x_{n+1} を定める規則がきまっている．それを式で一般的に書けば，$x_{n+1} = f(x_n)$ となり，$f(x)$ という関数は第 1 の例では

$$f(x) = 0.4x + 9$$

であり，第 2 の例では

$$f(x) = a \cdot 2^x$$

という関数であったわけだ．このように数列 x_n が式

$$x_{n+1} = f(x_n) \tag{1}$$

として書きあらわせている場合を力学系（ダイナミカル・システム）ということにしよう．そのとき，初期値 x_0 から出て $x_1, x_2, \cdots$ と次々と式 (1) によってきまってゆく数列を，(1) という力学系の初期値 x_0 の場合の軌道（オービット）ともいうのである．

力学と何の関係もないのに力学系というのは，少しおかしいと思われるだろうが，数学ではこのような言葉を用いるのである．理由は，ここではくわしく述べるのはやめておくが，力学であらわれる各種の運動を記述するためには微分方程式が用いられる．微分方程式とは未知の関数とそ

の微係数（導関数）の間に成り立つ関係式だ．たとえば質点の落下する様子を記述するには，質点の位置を時間 t の関数として求めるとき，われわれが知っている法則は，この関数の t による2階導関数，つまり加速度が自由落下の場合一定であるという関係式である（ニュートンの法則）．この式を微分方程式と呼んでいるが，初期の位置を定めれば，まさにこの方程式の解として，質点の軌道が求まるわけである．この最後の部分，初期値を定めれば，未来の時間 t について状態が定まることは (1) の式で x_0 という数値を初期値として定めた場合，式を用いて，それ以後，すべての n について x_n が定まるところが，上に述べた本当の力学の問題を解くときと似ているので，この言葉を用いるのだと思う．

　もちろん本当に微分方程式であらわされている場合も「力学系」という言葉を用いる．この場合は連続力学系と呼んでいる．これに対して (1) のような場合は時間に対応する n は自然数の値だけをとるので，離散力学系（デスクリート・ダイナミカル・システム）と呼ぶのである．

二つの重要な離散力学系のグラフ

　(1) の式をみてほしい．x_{n+1} は $f(x)$ という関数をつかって，この関数の変数の値が x_n のときの値として書かれている．この関数は必ずしも一つの1次式や多項式で書かれるものでなくてもよいのである．たとえば，この関数

図4　　　　　　　　　図5

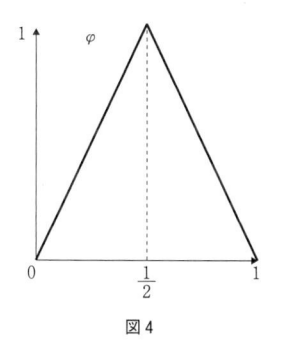

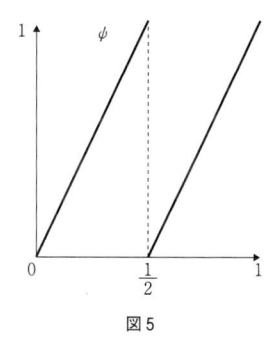

$f(x)$ として，変数 x が 0 と $\frac{1}{2}$ の間にあるときは，$2x$ という式で計算され，変数 x が $\frac{1}{2}$ と 1 との間では $2(1-x)$ という式で計算されるような 0 と 1 の間で定義された関数を用いた力学系も考えられる．ちなみにこのときの関数のグラフは図4である．

これは特別な関数であるので $\varphi(x)$ と書いて，以後いつも用いることにする．

さらに次のようなものでもよい．同じように変数の変わる範囲は 0 と 1 の間であるが，今度は x が 0 と $\frac{1}{2}$ の間では $2x$ で計算されるが，x が $\frac{1}{2}$ から 1 まで動くとき，$2x-1$ という式で計算される場合である．この場合にグラフを書いてみると，図5のようになる．

この関数を今度は ϕ と呼ぶことにしよう．これで二つの簡単な離散力学系ができたのであるが，この二つの力学

系は大変重要なので，これについて早稲田大学の斎藤信彦先生の説明をお借りして，この力学系の意味するところを解釈してみよう．

パイこね変換の力学系

お菓子のパイをこねるやり方に二つある．

次の図6はパイの材料を立方体でとり出して真横から見た図である．これをまず上からおさえて，薄く延ばす．厚さが半分で底の一辺の長さが前の2倍になったものが図7である．

このように平たくなったものを中央から半分に切って二つ重ねるやり方に2通りある．それを（ア）（イ）に分けて説明する．平たく2倍の長さになったものを二つに真中から分ける（図8）．

（ア）その二つを同じ向きのまま重ねる．もとの厚さになる．

（イ）半分に切った二つの部分を裏がえして重ねる（平たく延ばしたものを切らないで折り曲げて重ねることと同じ）（図9）．

いずれのやり方でも二つ重ね合せると少し混じったものができて，もと通り側面は正方形の形にもどる．パイをつくるためには，中にある調味料やスパイスがまんべんなく混ざる必要がある．それでこの操作を繰り返し行なっていくことにする．もちろん実際のパイのときには，（ア）と（イ）の方法を併用することもあると思うが，ここでは

図 6

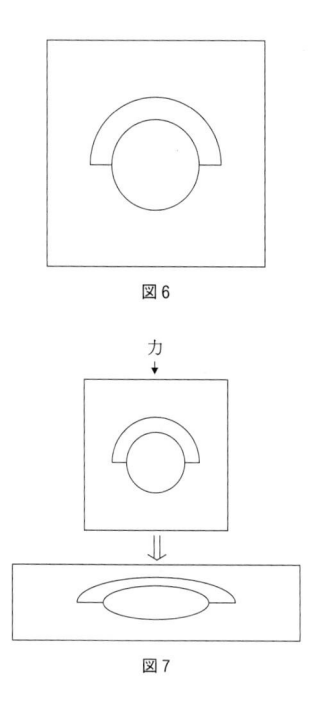

力
↓

図 7

　(ア) の方法だけを繰り返し行なっていくときと，(イ) の方法だけを繰り返し行なっていくことを検討してみよう．
　(ア) の方をもう一度考えてみよう．
　はじめのパイの材料の側面をあらわしていた正方形を縦に二つに割ったものを考えておこう．それをAとBと書いておこう．

図8

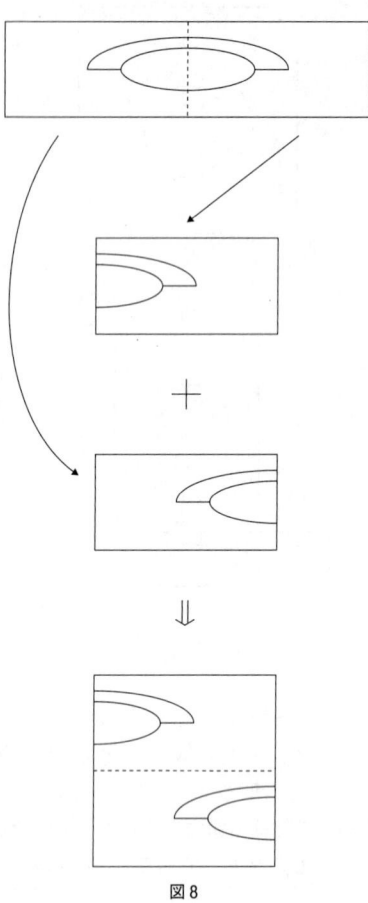

図9

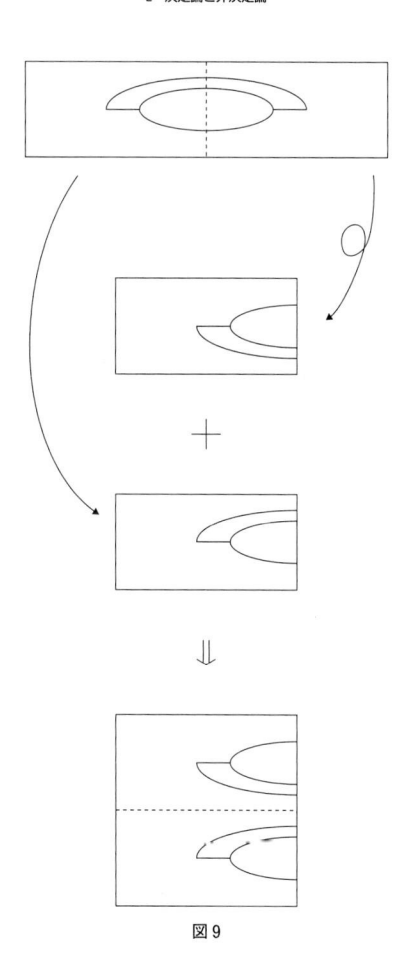

この二つの部分は底辺がそれぞれ2倍に延ばされて（ア）ではそのまま重ねられる．これを今パイの厚みを無視して，書いてみると，底辺のベクトル A と B はこの（ア）の操作により，それぞれ2倍に延ばされ，そのまま重ねられる．それを書けば図11のようにあらわされる．ところが力学系 ϕ の場合は，これと同じことになっているのである．次の図12を見ていただきたい．

　これは前に述べた $\phi(x)$ という関数のグラフであるが，x という値を0と1の間のある値とすれば，それに対して図のように $\phi(x)$ という値が対応するということを描いて

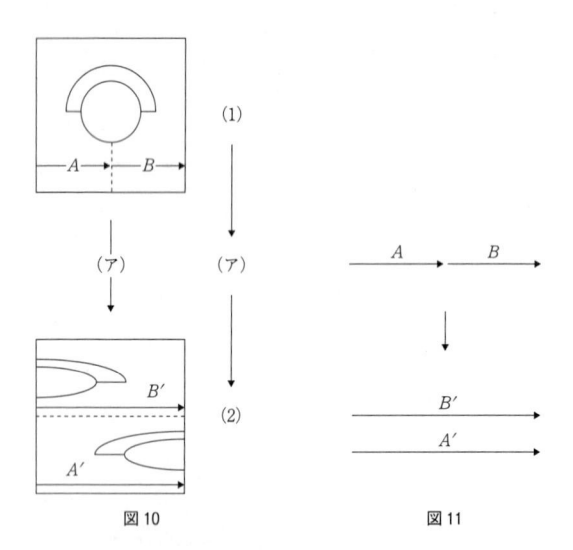

図10

図11

2 決定論と非決定論

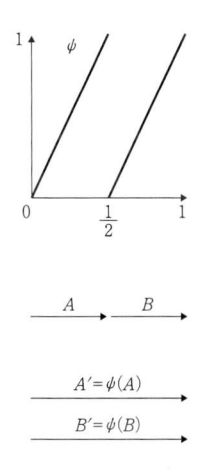

図12 A' は A の ϕ による像，B' は B の ϕ による像

いる．ここで 0 と $\frac{1}{2}$ の間の x をすべて考えると，それらの値に対しては，$\phi(x)$ という対応する値をすべて考えると，x の方が 0 から $\frac{1}{2}$ まで変化するとき $\phi(x)$ の方は 0 から 1 まで変化する．このとき，この後の区間 $[0,1]$ を x の区間 $\left[0, \frac{1}{2}\right]$ の $\phi(x)$ による像と呼ぶことにする．図の中の区間 A は 2 倍に延ばされて像 $[0,1]$ となったわけである．図の B の方，$\left[\frac{1}{2}, 1\right]$ も同じように 2 倍に延ばされる．したがってこの関数 $\phi(x)$ によって，A と B をあらわせた．x の区間 $[0,1]$ は上の操作，つまり $\phi(x)$ で像をつくること

(これを写像するという)、同じ [0,1] の区間に二重に写像されたことになり、前に（ア）の方法で行なったことと全く同じである．したがって力学系

$$x_{n+1} = \psi(x_n) \qquad x_0 \text{ は } [0,1] \text{ の点}$$

として x_n を考えてゆくことは、パイをこねる変換のうち、（ア）の方法を限りなく繰り返してゆくことにあたる．パイの話で考えれば、容易によく混じっていくことが想像できるであろう．

同じようにして（イ）の方法について考えてみよう．（ア）の場合と同じく、厚みを無視してベクトルだけを考えるのだが、もう一度はじめから復習すると、図13のようになっている．（イ）では（ア）とちがって、2倍になったものが、方向が逆に重なっている．

ところが、これはもう一つの力学系 $\varphi(x)$ で実現されるのである．前のように関数 $\varphi(x)$ のグラフを書いてみる（図14）．

この場合には区間 A は前と同じように2倍に延ばされ A' となるが、B の方は2倍に延ばされることは同じだが、方向が逆で A' と重なるわけである．

このように二つの力学系はパイをこねる操作の無限の繰り返しを抽象的に表現したものとも思えるので、「パイこね変換の力学系」と呼ばれる．そしてそのうち

$$x_{n+1} = \psi(x_n)$$

は（ア）の方法を繰り返し無限に行なうことを意味し、

$$x_{n+1} = \varphi(x_n)$$

$\varphi(A) = A'$
$\varphi(B) = B'$

図 13

$A' = \varphi(A)$
$B' = \varphi(B)$

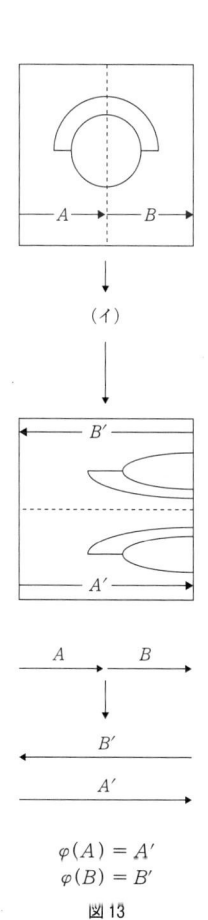

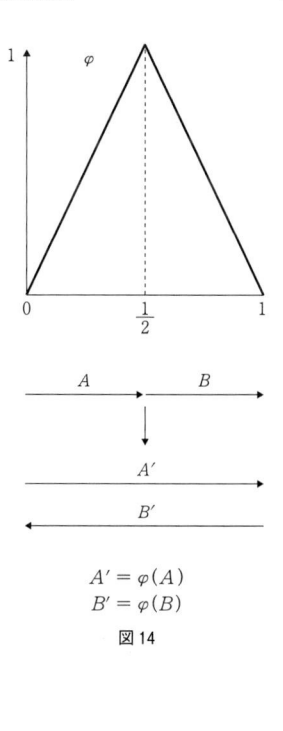

図 14

の方は（イ）の方法を無限に繰り返すことであることも，今までにくわしく述べたことから，わかっていただけるであろう．

3　ランダムな数列をつくるしかけ

　前節で述べた二つの法則，決定論と非決定論のうち，あとの方の典型的な例として，無限に繰り返される硬貨投げの試行があった．今1枚の硬貨をとって，それを無限回投げてみて，表がでれば0，裏がでれば1と記録してゆくと0と1の数字が次々と記録されて，無限に続く数列ができる．これが非決定論的なものであるが，このようにn番目の数から$n+1$番目の数をきっちり定めることができない数列のことを，ストカスティック（法則のない出方がメチャクチャで確率を定めることしかできないという意味）な数列と呼んでいる．ところがまことに面白いことは，前節で述べた決定論的な力学系で，非決定論的な法則を出すことができるということである．

　実例としては前節で述べた（パイでは（イ）の方のこね方）
$$x_{n+1} = \varphi(x_n) \quad \text{または} \quad x_{n+1} = \psi(x_n)$$
である．

　その秘密をしらべてみよう．

　もう一度関数$\varphi(x)$についてしらべてみよう．

前のように0と$\frac{1}{2}$までの区間（端である0も$\frac{1}{2}$も入れて）をAと名づけ，$\frac{1}{2}$から1までの区間（したがって$\frac{1}{2}$はダブって入っている）をBとしよう．前に述べたようにこの関数φによる写像で区間Aは2倍に延ばされて，Aの像$\varphi(A)$（前にはA'と書いたもの）は0と1を含めての全区間$[0,1]$の点をすべて含んでしまうのだ．これを集合論の記号で書けば，

$$\varphi(A) \supset A \cup B = [0,1]$$

となる．

ここで記号の説明をしておけば，集合Pが集合Qに含まれるとき$P \subset Q$と書き，PとQの合併集合は$P \cup Q$と書く．

したがってこの式の意味は，Aの点のφによる像の集合$\varphi(A)$はAとBの集合のすべての点を含んでおり，さらにAとBの合併，つまりAの点とBの点のすべての点の集まりは$[0,1]$区間そのものになるということをあらわしている．図15を見てわかるように，Bについても同じで，

$$\varphi(B) \supset A \cup B$$

が成立する．このことが今述べた決定論的力学系を用いて，非決定論的プロセスをあらわすための縄なのである．それを説明しよう．

いま前節で考えたように，非決定論の代表的なものとして，無限の回数の硬貨投げの試行を考えると，硬貨の表を

$\varphi(x)$

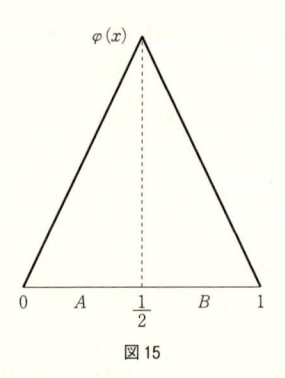

0　　A　　$\dfrac{1}{2}$　　B　　1

図15

A, 裏を B として A または B が無限に並んだものを

$$\omega_0, \omega_1, \omega_2, \cdots, \omega_n, \cdots \quad (*)$$

であらわすこととしよう．つまり ω_i という $i+1$ 番目の記号があらわすものは，A または B のどちらかなのである．したがって（*）という書きあらわし方は A と B のあらゆる現われ方を含んでいる．A ばかりが並んでもよい．$\overset{\cdot}{A}$ と $\overset{\cdot}{B}$ が交代で現われてもよい．その場合は2周期の周期的現われ方であると呼ぶ．

2周期としては $ABA\ BAB\ \cdots$ でも，$BAB\ ABA\ \cdots$ でも本質的には変わらないといえるが，3周期の現われ方には，2種類の現われ方がある．つまり

(1) $AAB\ AAB\ AAB\ \cdots$
(2) $BBA\ BBA\ BBA\ \cdots$
(3) $BAB\ BAB\ BAB\ \cdots$

$$(4) \quad ABA \ ABA \ ABA \ \cdots$$

のうち (1) と (4) は同じとみなせるが, あとは (2), (3) のグループ (これも同じとみなせる). つまり 3 回のうち必ず A が 2 回, B が 1 回という (1), (4) のグループと, 必ず B が 2 回, A が 1 回という (2), (3) のグループの 2 種類があるのである. 4 周期になると, もっと種類が多い. ここで周期的な A と B の現われ方にも種類があることは心にとめていただきたい.

周期そのものは, いくらでも長いものがあり得る. さらにその上にどんな周期も持たない現われ方もあり得る. たとえば A がはじめて現われた次には, B はそれより必ず 1 回だけよけいに続けて現われる場合には, どうしても周期的にはなり得ない.

このように, (∗) は A, B の現われ方のすべて, どのような現われ方もあらわしているものとみなそう. これは少しわかりにくいかもしれないので説明をつけくわえておく. 数学ではすべての整数を一つの文字 n であらわすことがある. それと同じように, 先に述べた

$$\omega_0, \omega_1, \omega_2, \cdots, \omega_n, \cdots \tag{∗}$$

は, A と B のあらゆる現われ方を代表してあらわすことなのだ.

さて, もとにもどって, 決定論的な力学系

$$x_{n+1} = \varphi(x_n)$$

の一つの軌道, 初期値 x_0 から出発しての軌道

$$x_0, x_1, x_2, \cdots, x_n, \cdots \tag{△}$$

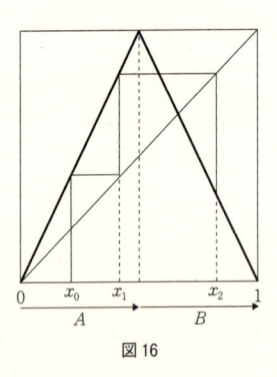

第1章　非線形とは何か

図16

をたどってみよう．前に述べたように区間 $[0,1]$，つまり 0 と 1 とに囲まれた実数の集合全部は二つの集合 A と B に分かれる（$\frac{1}{2}$ は両方に共通）．したがって（△）の軌道の点はいずれにしても A または B に属している．$\frac{1}{2}$ だけはその両方に属しているのである．

すなわち，$x_0 \in A$, $x_1 \in A$, $x_2 \in B \cdots$

したがって，図16の軌道 $x_0, x_1, x_2, \cdots$ に対し A と B の記号列，

$$A, A, B, \cdots$$

が対応する．偶然 x_n が $\frac{1}{2}$ となったときは A でも B でもどちらでもよいから対応させることにすれば，とにかくいつでも軌道（△）に対して，A または B からできる記号列とどれかが対応する．つまり前に（＊）であらわされたも

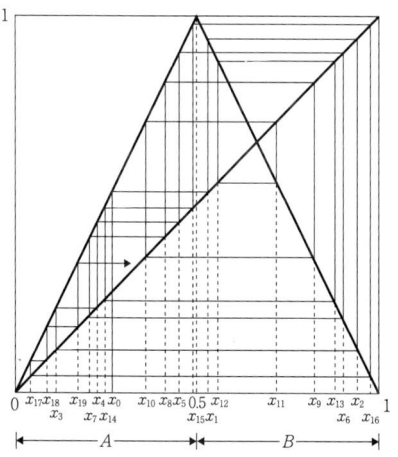

$x_0\ x_1\ x_2\ x_3\ x_4\ x_5\ x_6\ x_7\ x_8\ x_9\ x_{10}x_{11}x_{12}x_{13}x_{14}x_{15}x_{16}x_{17}x_{18}\cdots$

$A\ B\ B\ A\ A\ A\ B\ A\ A\ B\ A\ B\ B\ B\ A\ A\ B\ A\ A\ \cdots$

図17

のの実例が対応するわけである．ここまでは全くあたり前のことである．φ と ψ について例をあげておこう．図17, 18, 19 がそうである．

驚くべきことには，この逆のことが成立するのである！

つまり，今のは（△）という軌道をあたえれば，（＊）であらわされるような一つの A または B という記号を無限につらねた記号列が少なくとも一つ対応したのである．その逆とはどういうことか？

逆とは次のことである．（＊）に属するような A, B の無

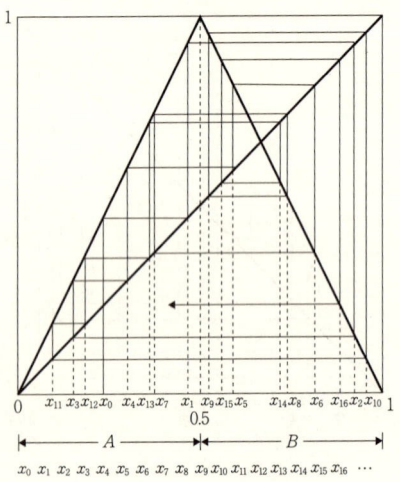

[図 18]

$x_0\ x_1\ x_2\ x_3\ x_4\ x_5\ x_6\ x_7\ x_8\ x_9\ x_{10}\ x_{11}\ x_{12}\ x_{13}\ x_{14}\ x_{15}\ x_{16}\ \cdots$

$A\ A\ B\ A\ A\ B\ B\ A\ B\ B\ B\ A\ A\ A\ B\ B\ B\ \cdots$

限記号列をまったく勝手にとってくる．たとえばサイコロを投げて $1, 3, 5$ がでれば A，$2, 4, 6$ がでれば B としてもよい．もちろんサイコロは無限回数投げるのであるが，それでもよいし，もっと簡単には百円の硬貨を無限に投げて，表がでれば A，裏がでれば B としてこの無限の試行を行なってもよい．どんな方法でもよいから（∗）であらわされる記号列をとればよい．そのように得られた一つの記号列を（念のためもう一度いうと，ω_i は A または B として）

図19

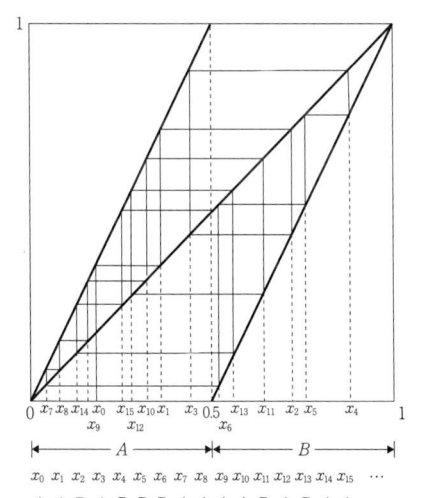

$$\omega_0, \omega_1, \omega_2, \omega_3, \cdots, \omega_n, \cdots \qquad (*)$$

とすると，先程のことのちょうど逆，

$$x_0, x_1, x_2, x_3, \cdots, x_n, \cdots \qquad (\triangle)$$

という離散力学系，$x_{n+1}=\varphi(x_n)$ の軌道があって，うまくすべての n について $\underline{x_n \in \omega_n}$（すべての n について x_n はあたえられた ω_n に入っている）が成り立つわけである！

もう少しくわしく述べると，$(\triangle)$ $x_0, x_1, x_2, \cdots$ は決定論的な力学系であり，すべての n について x_n から x_{n+1} をつくるしくみ，$x_{n+1}=\varphi(x_n)$ はきまっているから，結局初期

値 x_0 さえきまれば,あとはすべての x_n がきまる.したがって今述べたことは,(*)を任意にあたえれば,

$$x_n \in \omega_n$$

がすべての n について成立するように, x_0 一つをうまくとれるということである.

そんなことができるであろうか.もしできるとすれば,おかしいと思われる人もあるかもしれない.なぜなら,(*)は全く任意だったから非決定論的な法則であり,離散力学系

$$x_{n+1} = \varphi(x_n)$$

は決定論的なものであったから,両者がそんな関係で結ばれているはずがないと思われる人もあるだろう.ところが本当であって,うそでないことを次に示そう.

4　なぜそうなるのか？

なぜそうなるかを示すには,証明をしなければならない.それをやってみよう.方針を述べると,この証明には帰謬法と帰納法の両方を用いるところが難点であるが,やってみよう.復習しておくと,帰謬法は,今から証明しようとすることを否定すると,論理的におかしいことがおこることを示して証明とする間接証明法の一つである.

たとえば $\sqrt{2}$ は有理数でないことの証明は,帰謬法で行なう.

$$\sqrt{2} = \frac{a}{b} \quad (a, b \text{ は整数で, 互いに素})$$
$$2b^2 = a^2$$

a^2 は偶数 → a は偶数 → b^2 は偶数 → b も偶数, a, b が互いに素に矛盾. よって $\sqrt{2}$ は有理数でない.

帰納法は, あることをすべての自然数 n について示そうとした場合, 次の二つのこと

(i) n が 1 のとき, そのことが証明できる.

(ii) n のときに正しいと仮定すれば $n+1$ のときにも正しい.

が示されればすべての n について証明をしたことになるという. これもまた間接証明の一種である. この二つの方法を併用して証明をするのである.

全体の証明は帰謬法でやろう.

あらためて証明すべき命題を書くと,

すべての自然数 n について
$x_n \in \omega_n$ になるように初期値 x_0 をとることができる.

このような命題が成立しないとしよう.

今の命題の逆は

どんな x_0 をとっても, 必ずある自然数 n では
$x_n = \varphi^n(x_0) \notin \omega_n$ となっている
(ここで $\varphi^n(x_0)$ は φ の n 回合成 $\underbrace{\varphi(\varphi(\varphi(\ \ (x_0))))}_{n\,\text{回}}$ のことである).

そうだとすると、どんな x_0 をとってもある番号 $n(x_0)$ があって、$n(x_0)$ より小さな n については
$$x_n = \varphi^n(x_0) \in \omega_n \quad (0 \leq n < n(x_0))$$
が成り立ち、はじめて番号 $n(x_0)$ では、
$$x_{n(x_0)} \notin \omega_{n(x_0)}$$
となる。このような $n(x_0)$ が初期値 x_0 の関数としてあるはずである。この最後の式は、$x_{n(x_0)}$ が $\frac{1}{2}$ に等しくないことも意味している（なぜなら $\frac{1}{2}$ は A にも B にも属していたから）。

そこで次の二つのことを示せば矛盾に導くことができる。

1° この $n(x_0)$ は x_0 の関数として、x_0 が変わったとき、いくらでも大きくなることはない。ある N が存在して、
 $n(x_0) \leq N$
 がすべての x_0 について成り立つ。

2° 任意の n について、(＊) のかわりに有限の列
 (＊)° $\omega_0, \omega_1, \omega_2, \cdots, \omega_n$
 これについては、n より小か、または等しい i について、$x_i = \varphi^i(x_0) \in \omega_i$ $(0 \leq i \leq n)$ が成立する x_0 が存在すること。

この二つのことは互いに矛盾している。2° で、すべての n について存在の示された x_0 について、今 n は N より大

きいと仮定すると，$2°$ により
$$\varphi^i(x_0) \in \omega_i \quad (0 \leq i \leq n)$$
特に i を $n(x_0)$ にとれば $\varphi^{n(x_0)}(x_0) \in \omega_{n(x_0)}$ となり，はじめの $n(x_0)$ の定義に反する．

$1°$ の方の証明は，ちょっとむずかしいので，この章の最後で補足することにしたい．$2°$ の方の証明はなにしろ n を一つ定めて考えればよいので（ω_i の有限列），わりあい直観的である．

$2°$ を証明しよう．n が 0 のときは全く問題がない．だって証明すべきことは，ただ x_0 をうまくとって，
$$x_0 \in \omega_0$$
とするという，ただそれだけである．これは x_0 を ω_0 は A か B であるから，それぞれ ω_0 が A なら A 内に，ω_0 が B なら B 内にとればよい．次に n が 1 のときも簡単である．
$$x_0 \in \omega_0, \ x_1 = \varphi(x_0) \in \omega_1$$
となるように x_0 をとればよいわけである．そのためにはたとえば ω_0 が A，ω_1 が B のときを考えると図20をみれば明らかなごとく，x_1 が B に入るためには，x_0 は $\dfrac{1}{4}$ と $\dfrac{3}{4}$ の間になければならず，同時に x_0 が A に入っているという要請は，結局 x_0 を $\dfrac{1}{4}$ から $\dfrac{1}{2}$ の間の区間の 1 点ととることによって満足させられる．

もちろんこれは一例であり，その他に ω_0, ω_1 が B と A，A と A，さらに B と B と，それぞれになっている場合を考えなくてはならないが，それらも同様にできることはほ

図20

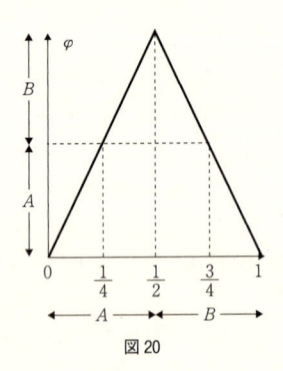

とんど明らかであろう．

このように次々と証明してゆくことができるが，nがふえるにしたがって，場合の数が急にふえる．したがって，この方法で証明するのはむずかしくなってくる．

そこで登場する方法が先にのべた数学的帰納法である．われわれはその方法の第1段階をすでにすませた．つまりnが0のとき，またはnが1のときであり，それについては命題2°が正しいことを証明した．したがって残るのは第2段階だけである．

そこでnの場合に2°が正しいとしよう．

あるx_0に対しては

$$x_0 \in \omega_0,\ \varphi(x_0) \in \omega_1,\ \cdots,\ \varphi^n(x_0) \in \omega_n$$

が成立すると仮定する．この場合，上にあたえた$\omega_0, \omega_1, \cdots, \omega_n$は勝手なものでよかったことに注意して，次

4 なぜそうなるのか?

に $n+1$ の場合に，再び任意にあたえられた

$$\omega_0, \omega_1, \omega_2, \cdots, \omega_n, \omega_{n+1} \quad (*)'$$

に対し，ある ξ_0 が存在して

$$\xi_0 \in \omega_0, \ \varphi(\xi_0) \in \omega_1, \ \cdots, \ \varphi^{n+1}(\xi_0) \in \omega_{n+1}$$

が証明されればよい．そんな ξ_0 があればよいのである．それができればすべての証明が終わる．それは簡単に示すことができる．

今あたえられた $(*)'$ から ω_0 以外をとってきて

$$\omega_1, \omega_2, \cdots, \omega_{n+1}$$

の n 個の記号列を，先の n の場合の n 個からなる記号列とみよう．仮定により，x_0 が存在して

$$x_0 \in \omega_1, \ x_1 = \varphi(x_0) \in \omega_2, \ \cdots, \ x_n = \varphi^n(x_0) \in \omega_{n+1}$$

とできる．

ここで ω_1 は A または B である．ω_0 も A または B であるから，したがって，ω_0 が A の場合を考えてみれば，

$$\varphi(\xi_0) = x_0$$

なる ξ_0 が A の中に存在すれば，それをとってきて，

$$\xi_0, \ \xi_1 = x_0, \ \xi_2 = x_1, \ \cdots, \ \xi_{n+1} = x_n$$

をつくれば，これは先の要請

$$\xi_i \in \omega_i$$

がすべての $n+1$ までの i についてみたされる

ところで

$$\varphi(\xi_0) = x_0$$

となる ξ_0 は必ず存在する．なぜなら，φ の性質として，

$$\varphi(A) = A \cup B = [0, 1]$$

であったから，どんな x_0 についても，ξ_0 が A の中に必ずある．今は ω_0 が A の場合であったが，B のときにも
$$\varphi(B) = A \cup B = [0, 1]$$
であったから，その場合にも正しい．

最後に残した 1° の証明を，辛抱づよい読者のために書いておく．これも帰謬法である．

1° の証明

$n(x_0)$ は x_0 が変化したとき，どんどん大きくなるものがあるとする．このことは初期値の列 $x_0^1, x_0^2, \cdots$ があって，それに対しては，
$$n(x_0^1) < n(x_0^2) < \cdots$$
となり，この $n(x_0^i)$ は i を大きくとれば，いくらでも大きくなるというものである．

一方 x_0^i はいずれも A または B，いいかえれば $[0, 1]$ の区間内にあるので，列 $\{x_0^i\}$ の中から部分列をとり出せば，$[0, 1]$ 内の 1 点 ξ_0 に収束する．つまり（その部分列を再び x_0^i とかけば），
$$\lim_{i \to +\infty} x_0^i = \xi_0$$
とできる．ところで上に述べた $n(x_0^i)$ の性質は式で書けば
$$\lim_{i \to +\infty} n(x_0^i) = +\infty$$

1° の仮定より，$n(\xi_0)$ も有限で存在するので $n(\xi_0)$ は，その定義から

4 なぜそうなるのか？

$$\xi_0 \in \omega_0, \ \varphi(\xi_0) \in \omega_1, \ \cdots, \ \varphi^{n(\xi_0)}(\xi_0) \in \omega_{n(\xi_0)}$$

(はじめてこうなる)

ここで前に述べた注意から，$\varphi^{n(\xi_0)}(\xi_0) \neq \dfrac{1}{2}$ である．

そこで $\left|\dfrac{1}{2} - \varphi^{n(\xi_0)}(\xi_0)\right| = \varepsilon$ とおくと $\varepsilon > 0$，ここで i を十分大きくとって，次の二つのことを満足するようにする．

$$n(x_0{}^i) > n(\xi_0)$$

かつ $\quad |\varphi^{n(\xi_0)}(x_0{}^i) - \varphi^{n(\xi_0)}(\xi_0)| < \dfrac{\varepsilon}{2}$

はじめの方は $n(x_0{}^i)$ 増加ということから，あとの方は，$\varphi^{n(\xi_0)}(x)$ という関数が連続であるということから，たやすい．そこで $n(x_0)$ の定義に帰れば矛盾となる．

$$\varphi^{n(\xi_0)}(x_0{}^i) \in \omega_{n(\xi_0)}$$

$$\varphi^{n(\xi_0)}(\xi_0) \notin \omega_{n(\xi_0)}$$

$\omega_{n(\xi_0)}$ は A または B であるから，

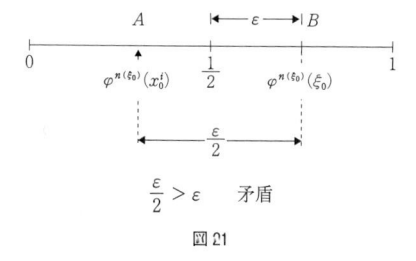

$\dfrac{\varepsilon}{2} > \varepsilon \quad$ 矛盾

図21

$\omega_{n(\xi_0)}$ が A の場合の図であるが，B のときも同じである（1°の証明は，ここで終わり）．

これで，証明しようとしたことは全部終わった．いくぶん複雑であったが，成果はあった．結果が思いがけないことであっただけに，その証明に手間どったわけである．一つには数学者というのは，このようなことをやっているのであると，読者に数学者の活動の一端を紹介したかったという気持もある．

この証明は同じことを力学系
$$x_{n+1} = \psi(x_n)$$
に対して示すことには用いられない（なぜなら $2°$ の証明に $\varphi(x)$ の連続性を用いたから）．しかし結果は正しく，その証明は0から1までの数の二進法表示を用いると，もっと簡単である．ただし，それを書くと，あまりにも数学者のプロフェッショナルな感じがするので，ここでは書かない．できることなら身近にいる数学者に聞いて教えてもらってほしい．

いずれにしても，φ でも ψ でも，前節で述べたパイこねの問題を表現しているから，パイをこねて，スパイスがうまく混じって，全部にゆきわたることが，数学的にもやっと示せたわけである．

ところで今 φ に述べた証明法は，関数 φ を次のようなグラフをもつ関数でおきかえて，適用しても正しい．証明には連続的なグラフが $\frac{1}{2}$ で，上の辺まで達していることしか用いなかった．

$\varphi(x)$ のグラフは図22であったが，これはたとえば図23または図24でもよい．特に最後のものは，式でも書け

4 なぜそうなるのか?

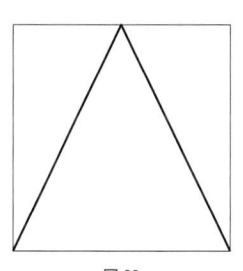

図 22

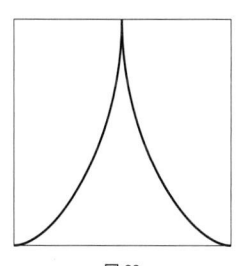

図 23

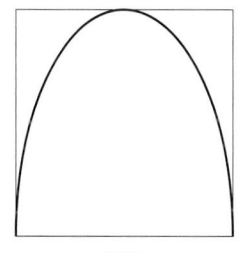

図 24

て，
$$x_{n+1} = 4x_n(1-x_n)$$
と書ける．この場合は離散力学系は一つだけの式，$4x(1-x)$で書けている．

このような式は，実は生物個体の増殖による増え方の一つを示すものである．第2章の終わりで，カオスの歴史にさかのぼるために，生物の個体群の研究の歴史をふりかえってみる．これを次の章で述べよう．

第2章　個体群生態学での非線形とカオスの発見

1　人口論のはじまり

　人口論では，ある意味で古くから非線形が問題になっていたことを，説明しておきたい．そのために人口が問題にされた歴史をふりかえってみよう．

グラウントの研究

　科学的な人口論の発祥といってもよいが，世に知られる人口論についての最初の出版はジョン・グラウント著『死亡表にもとづいた自然的政治的観察』（1662年）であると思われる．

　この時代には既に1週間ごとの死者の数は，教会ごとに表にされ記録されていた．これをロンドン市全部で集計し発表することによって，ペストの流行を予言しようとしたようである．死亡だけではなく，出生についても教会に記録があったので，グラウントは研究した．

　彼は既にこの時期に，ロンドン市の人口の増加について推定していたといわれている．つまり人口のどれだけの割合の人が子供をつくり得るかという推定と，その出産率を

推定した上で、この予想をたてたのである。彼の結論は64年ごとに2倍になるというのであった。この予想は、それまでの経験的に2倍となる期間、56年とわりあいよく合った。

さらにグラウントはこの計算を利用して、もしアダムとイブの時代（これは当時紀元前3948年と考えられていた）から、その時代まで64年ごとに倍になったとすると、彼の時代までに世界の人口は当時信じられていたものよりはるかに大であるだろうといっている。

ちょっと試みに計算してみると、その数は恐るべきもので、1平方センチメートルに1億という恐るべき数字がでる。これは不可能なことであるし、実際にもそうなっていない。このことは人口の増加がいつも一定の期間に何倍かになるというわけではなく、もっと押さえられている（非線形）のだといってもよいであろう。

ペティの研究

グラウントの後継者は、友人でありかつ高名なウィリアム・ペティである。その著書『政治算術に関するエッセイ』では、グラウントを真似て、一つの推算をロンドン市の人口に関して試みている。彼によれば今600人の人がいたとして、その中の180人が子を生み得る15歳から44歳までの女性であるとして、理想的な場合を考えることとする。彼女達は、2年に1度子供を生むと考える。1年には90人の赤ん坊ができる。病気や流産など、または不妊症などを

考慮して生まれない場合を 15 と考え，90 から減じ，さらに死亡率を考慮して 15 を引くと，結局 60 人が増加する．このことから，彼はこの数字はもとの 600 人の 1 割であるから，したがって 10 年たてば 2 倍だと結論した（どうやら彼は複利計算は知らなかったらしい）．

　彼のこの推算は，人口が一番よくふえる場合の増加のしかたとして，提案していたのである．

　一方でペティは，実際の人口の増えかたをロンドン市の記録から，平均的に計算した．データは過去 20 年のものをとくに選んで，それをもとにして平均的に計算すると 1606 年から 1682 年までは，ほぼ 40 年で倍増ということになる．そしてイングランド全部ではどうなるか．ペティはいちおう，360 年で 2 倍という数値を出し，さらにいくつかのデータから，実際には 1200 年に 2 倍になるであろうということをいっている．そしてロンドン市の人口の最高を 500 万人と設定して，これが 1800 年に達成されると予想した．

　いずれにしてもペティは，環境の変化で，人口の増加率は変動することをよく認識していたというわけである．そのことはグラウントの真似をした，次のような推測を見ればわかる．ノアの洪水は，旧約聖書にあるが，これは紀元前 2700 年と考えられている．この洪水で生き残った 8 人の人がどのようにふえて，その当時世界総人口と考えられていた 3 億 2000 万に達したかについて考えている．

　この数に達するためには 100 回から 150 回の倍増がおこ

らねばならないと考えた．この増え方はペティについて最初に述べた最高の増え方，10年に1度増えるという増え方と，イングランドの人口について推定した360年または1200年に1度倍増するというゆっくりした増え方の，ほぼ中間の増え方となっている．そこでペティは次のように考えた．おそらくノアの洪水のあった直後，この8人の人達から子孫のふえる増え方は，はじめにみた10年に1回倍増という最高の増え方であり，その急激な増え方が漸次おさまって，非常にゆるやかな（たとえばイングランドの人口の増え方くらいの増え方）増加の仕方に変化して，当時の世界人口が3億2000万に到達したのだという考えである．彼はこの様子を表にして示している．

現代ふうに書きなおしてみると，図25のようになる．

いずれにしてもペティは人口がふえるに従って，増加率が下がることを知っていたというべきであろう．

ところで18世紀には多くの人々が主として経済と政治の面から世界の人口を論じたけれども，彼等には正確な人口調査のデータが欠けていたので，人口の危機はあまり感じていない論があったり，一般には人口は，土地の人口を養う能力とちょうど釣り合っているように信じられていたのが，この啓蒙時代の特徴であった．

人口が増えると人口増加率は減少する

さてこの世紀，18世紀のトーマス・ロバート・マルサスの *An essay on the principle of population* の出版はこの論

1 人口論のはじまり

ノアの洪水直後		8人
10年ごと2倍 {	10年	16
	20	32
	30	64
	40	128
	50	256
	60	512
	70	1,024
	80	2,048
	90	4,096
20年ごと2倍 {	100	8,000 以上
	120	16,000
	140	32,000
30年ごと2倍 {	170	64,000
	200	128,000
40年	240	256,000
50年	290	512,000
60年	350	1,000,000 以上
70年	420	2,000,000
100年	520	4,000,000
190年	710	8,000,000
290年	1000	1,600万
400年	1400	3,200万
550年	1950	6,400万
750年	2700	12,800万　キリスト生誕
1000年	3700	25,600万
300-1200年	4000	32,000万

図25　人口増加についてのペティの考え方

争に火をつける役目をした．

　よく知られているようにマルサスは，彼の先輩グラウントと同様に，人口の指数的増加についての知識をもっていた．マルサスの場合には，グラウントの場合よりも，より正確なデータがあった．それは新しい国アメリカの人口統計であった．この場合は，その当時までほぼ正確に25年ごとに倍になる増加をしていたのである．このことから，

彼は，もっとも良好で何らの制限も人口増加に加えられていないとき，人口は25年に2倍の勢いで増加するという結論を得たのである．

マルサスが人口についてはこのように幾何数列的に増えるといい，それを養う食料の方は算術的数列（一定の公差だけ増える）で増えることを主張した．また幾何数列的増加がいずれ算術的増加をはるかに上まわり，人類は深刻な危機に見舞われるであろうと，上に述べた論文で述べて大きなセンセイションをまきおこした．

しかし18世紀には，今から思えば不思議なことであるが，人口と食料資源とも，無限に増えることをほとんどの人がうたがっていなかった．マルサスの場合にも増える割合が一つの数に近づくと思っていたようなふしもある．

いずれにしても，この時代から産児制限のことがコンドルセーなどの言説とともに大きな論争になったのである．したがってマルサスといえば産児制限論者であるというふうに思われている．

人口の増加率が，人口がふえるとともに減少することを数式を用いて述べ始めたのは1830年のミカエル・トーマス・サドラーの著作であり，そこでは人口をNとし，増加率を

$$\frac{dN}{dt}$$

と書くと，この$\frac{dN}{dt}$はNの変化に対して逆に変化すると

書いている．これはマルサス以後，はじめてのはっきりした「密度依存」（人口密度がふえれば増加率は減る）と今日生態学でよばれるところの，人口増加率が人口自身に依存するということに注目した最初の人である．

次に登場するのは「平均人」の概念をつくり出したケトレーである．ケトレーはマルサスやその影響下の人の仕事を見て，増加率 $\dfrac{dN}{dt}$ の減り方はそのもの自身 $\dfrac{dN}{dt}$ の2乗に比例して減ずるという仮説を立てた．これは流体中を大きな速度で通過する物体に対しておこる抵抗のアナロジーからきていた．面白いのは，フランスの有名な数学者フーリエもまたほとんど同時に（1835年）同じ考えを提案していることである．

今日ではこの考えは誰も支持していない．ケトレーはこの時代，彼の若い友人であるベルハルストに興味をもってつきあっていた．この友人こそ，この問題に関してきわめて近代的な方法で答を見出したのである．

2　ベルハルストのロジスティック

ピエール・フランソア・ベルハルストは1804年，ブラッセルに生まれた．ゲントの大学を卒業した彼がいちばん初めにした仕事は，ハーシェルの『光についての教程』をフランス語に翻訳したことであった．後にブリュッセル博物館でケトレーの教えも受けた．

最初の頃，彼は確率論に興味を持っていたようで，国の宝くじと富くじによる国債償還の問題を考えていた．いずれにしろこの頃から人口論や経済に興味を持ち始めたようである．一時，歴史書を書いたりもしたが，1834年には自然科学にもどり，エコル・ミリテイルで数学を教え，教授になった．ケトレーはベルハルストのもっとも主要な業績は1849年に出版した『楕円関数論教程』であるとしている．彼は1849年に結核が原因で亡くなった．

　さて問題の人口論についてのベルハルストの見解であるが，1838年 "Notice sur la loi que la population suit dans son accroissement" が，その第1論文であり，その後，1845年と1847年にさらにくわしい数学的な論文をのせている．この第1の論文では，生物学的ないくつかの仮説を満足するように増加率

$$\frac{dN}{dt} = f(N)$$

が人口 N の関数になると考え，$f(N)$ の形を，その仮説をみたすような，もっとも簡単な式として

$$f(N) = rN\frac{(K-N)}{K} \quad (Nの2次式)$$

で与えられるとしている．

　この仕事こそ，後に述べる人口ではないけれども，いくつかの実験室中での昆虫の増殖のありさまを正しく反映した式であり，ロジスティック方程式といわれるものなのである．

この研究や，後の実験での検証について説明する前に，この研究に対する当時の世間の反響についてふれておきたい．彼の研究は当時ほとんど認められなかったし，ケトレーは彼の死に際して，死亡告示に彼の業績として，『楕円関数論教程』やその他の派生的でつまらない純粋数学の研究業績について述べるだけで，ロジスティックについては述べていないほどである．しかもロジスティック以外の仕事は，すべて派生的で，二次的な数学作品で，今日でも意義をもっているものは何一つない．

　たしかにロジスティックは数学としては簡単であるが，その意義を認める人はいなかったのである．それは一つには前に述べたケトレーが自分の流体力学モデルをまだ信じており，当時有名なフーリエすら，その仮説に満足していたからであろう．しかしロジスティックの式はその後，実際には無意識に幾人(いくたり)かの学者によって研究に用いられていた．

　ハッチンソンの本に面白い皮肉な事実が書いてある．ブレイルフォード・ロバートソンはある種の生物の器官の自己触媒的な成長を記述するのに，このベルハルストの方程式を，ベルハルストの発見を知らないで用いている．しかも，この方程式が実際に正しいことを示すために用いたデータはケトレーのデータであった．これが1909年，つまりケトレーのデータは，彼の気持とは正反対にベルハルストの方程式を認めることに用いられたのである．その後この方程式は1911年には，マッケンドリックとケサバ・パイ

によって，限られた媒質中でのバクテリアの増殖実験の記述やカールソンによる 1913 年のイースト菌の増殖実験に用いられたが，いずれもベルハルストの名を冠してではなかった．

結局彼の名が世に出たのは 1920 年パールとリードがアメリカ合衆国の人口の増加についての論文を書いたとき，このベルハルストのロジスティック方程式を用いており，その 1 年後，この方程式は，既に 1838 年にベルハルストが発見していたものであることを認めたときである．

しかし，人口論の方程式としてはわずかに 20 年しか，この方程式の予見性は保たれなかったことは，図 26 より明らかである．つまり，1700 年から 1940 年まではみごとに式による値とデータとが一致しているが，そのあとは思いがけない急増がおこり，式の値とグラフはくいちがってゆくのである．

このようにしてロジスティックは，人口予見の方程式としては，その価値を減じたのであるが，実験室で飼われる生物の増殖モデルとしては数々の例で，この時期以後たしかめられるのである．

さて，前に説明すべきであったロジスティック式の導出であるが，これはアルフレッド・ロトカの有名な本 *Elements of Mathematical Biology*（1924 年）の改訂版を参考にして説明しよう．

まず数学と生物学をむすぶ仮定として，人口または個体数は本来不連続な整数値であるけれども，それが連続な値

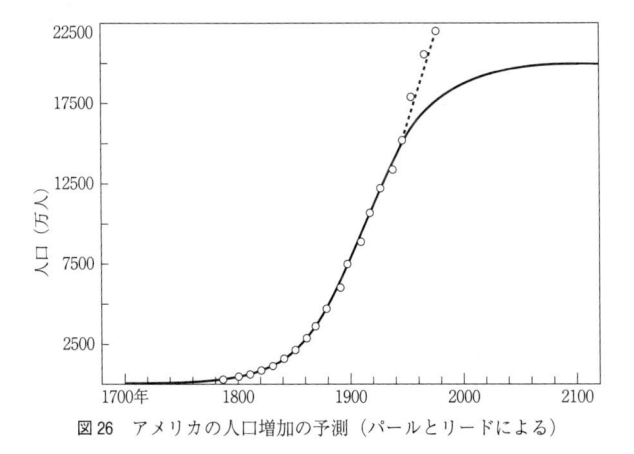

図26 アメリカの人口増加の予測（パールとリードによる）

をとるものと考えること，これを数学的記述のための慣習，convention of continuity といい，同時に時間も連続的に流れるので時間 t の関数として連続なものと考えることにする．

このことから数学的にはニュートンの考えをまねて

$$\frac{dN}{dt}$$

という微係数を考えてよいとしよう．

瞬間的な増加率というものを考えられるかどうか，つまり，

$$\frac{dN}{dt} = \lim_{h \to 0} \frac{N(t+h) - N(t)}{h}$$

という微分係数が生物学的に意味があるかどうかについては，次のように考える．すなわち，$N(t+h)-N(t)$ は時刻 t から $t+h$ までに生まれた $N(t)$ に対する子供の数と考えられるから

$$\frac{N(t+h)-N(t)}{h}$$

は増加率である．ここまでは生物学的意味はつけやすい．

しかし，ここで h を 0 に近づけて極限をとることの解釈はむずかしい．特に，生物がある時期にいっせいに卵を生み，子供が生まれるという場合，さらにそのような時期が一定の時間間隔 H でおこっている場合には全く意味がない．そこでそうでない場合，たとえば個体によって子供を生む時刻が変わり，いっせいに個体群を観察すれば，いつでも，どんな t でもいくつかの個体は子供を生んでいると考えると，上の $\dfrac{dN}{dt}$ も意味をもつものと考えられる．

したがって生物学的仮定は，その個体群の各個体が一定の時刻にいっせいに卵を生むようなものでないという仮定をみたしているものとしてロジスティックを考えることとする．

第 3 の仮定は無から有は生じないという仮定で，個体群が増えるためには少なくとも 1 匹のメス，または一つがいの個体が必要であるという仮定である．このことから，

$$\frac{dN}{dt} = F(N) \quad \text{であれば} \quad F(0) = 0$$

が $F(N)$ についての条件として出てくる．数学的には恒等的に 0 である関数が微分方程式

$$\frac{dN}{dt} = F(N)$$

の解であることを示している．

第 4 の仮定は 18 世紀にはまだ意識（人口については）されていなかった．人口の増加はいずれ上限に達するという生物学的仮定である．その上限を K としよう．

そうだとすると $F(N)$ をテイラー級数に展開したとき

$$F(N) = aN + bN^2 + \cdots$$

で少なくとも第 2 項までなくてはならない．もし第 1 項だけなら a が正のとき，マルサスの説になり指数関数で時間 t とともに増える（これは幾何数列でもある）．a が負のときは指数関数的に 0 になり，これもふさわしくない．そこで最も簡単なもので，しかも今までの仮定をみたすものを求めると，2 次までで b が負になればよい．もちろん a は正である．したがって

$$\frac{a}{-b} = K$$

とおくと，方程式は非線形！　となる．

$$\frac{dN}{dt} = aN\frac{(K-N)}{K}$$

となり，a を r と書くことにすると

$$\frac{dN}{dt} = rN\frac{(K-N)}{K}$$

であって，既に58頁で述べたベルハルストのロジスティックの式が出る．

次にどのような実験でたしかめられたかを述べたい．

3　ロジスティック式の実験によるたしかめ

パールとリードがベルハルストのロジスティック方程式を再発見してベルハルストの仕事を再認識して以来，この方程式によって生物の増殖を記述し，実験のデータと合わせる研究が次々と出た．それを説明する前に，一応数学としてこの方程式を解いて，解の式を求めておこう．もう一度書けば時刻 t における個体数を $N(t)$ とすると

$$\frac{dN}{dt} = rN\frac{(K-N)}{K}$$

であった．この方程式は N に関して2次でまさに非線形であるけれども，実は解が t の初等的な関数として表わされるのである．普通の微分方程式の教科書（たとえば朝倉書店刊の楠幸男『応用常微分方程式』1981年）にのっている変数分離法が適用できるのである．その方法によれば，まず両辺にそれぞれ N だけ，および t だけの関数がくるように方程式を書きなおす．

$$\frac{K}{N(K-N)}dN = rdt$$

次に左辺の式を単純な分数の和に書きなおす．

$$\frac{dN}{N} + \frac{dN}{K-N} = rdt$$

ここで N は個体数であり，K はその最大値であったから，次のことが成立する．

$$N > 0, \quad N < K$$

これを考えに入れて，積分の公式をつかうと，

$$\int \frac{dN}{N} + \int \frac{dN}{(K-N)} = \int rdt$$

は

$$\log N - \log(K-N) = rt + A$$

となる．ここで A は積分定数とよばれ，解を一つきめるときに定められる．対数の加法公式から

$$\log \frac{N}{K-N} = rt + A$$

となる．そこで対数の定義にもどると，

$$\log X = Y \quad は \quad X = e^Y$$

であるので

$$\frac{N}{K-N} = e^{rt+A}$$

となり，

$$N = e^{rt+A}(K-N)$$

と書いて，Nについて解くと，

$$N(t) = \frac{CKe^{rt}}{Ce^{rt}+1}, \qquad C=e^A \qquad (\triangle)$$

が得られ，任意の正のCについてこれが解である．そこでtが0のときのNの値をN_0とすれば，これは初期値である．

$$N_0 = \frac{CK}{C+1}$$

これをまたCで解けば，CがN_0から定められる．

$$C = \frac{N_0}{K-N_0}$$

これを（△）の式に代入すると，これで初期値問題の解が求められた．

$$N(t) = \frac{N_0 K e^{rt}}{N_0 e^{rt}+K-N_0}$$

念のためにこの式でtを0にしてみると

$$N(0) = \frac{N_0 K}{N_0+K-N_0} = N_0$$

となる．さらに気になる人は微分法の練習問題として，この$N(t)$をtで微分してみればよい．

これで完全にロジスティック方程式の初期値問題の解答が求まった．この解の関数

$$N(t) = \frac{KN_0 e^{rt}}{N_0 e^{rt}+K-N_0}$$

のグラフの形はどうなるだろうか．それはtが0でN_0と

図27 ロジスティック方程式の解

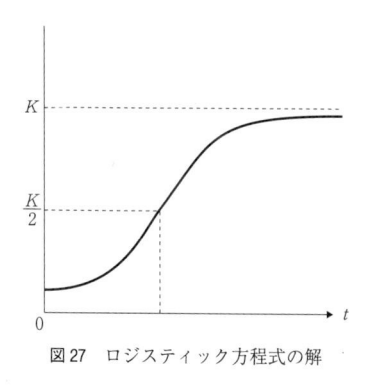

いう値であり，はじめはゆっくりと次に急に増加し，変曲点を通過してゆっくりとしたカーブになりはじめ，時間 t が無限にたつと K という値に漸近する．Ｓ字型の曲線でシグモイドとよばれる図27のような形である．

さてロジスティックの実験的検証であるが，方程式の導き方が簡単であったかわりに，このような式の出てくる前提となっている生物学的条件を，実験室で整えることは必ずしも容易なことではない．まず誕生と死滅は，たえず一つのパターンでおこっていなくてはならない．そのためには理想的には，たえず食料という形でのエネルギーの供給を続けて，個体数の増え方の恒常性を保証しなければならない．

一つ一つの個体については老化と死亡があり，新しい個

体がとってかわるわけである．いずれにしても，エネルギーについて開かれている生態系を考えるべきである．

はじめに与えた有限のエネルギーのみの閉じた系では，個体群は増えて最大に達するが，それは開かれた系の場合よりはるかに低い．しかもその後はエネルギーの欠乏により，また老廃物の蓄積によって増殖がおさえられ，どんどん減少するのである．つまりロジスティックを確かめるためには，このような老廃物は取り除かれ，食物が補給されてゆくという系でなければ，ロジスティックの確かめも不可能なのである．

もう一つの注意は，生物学上のデータをロジスティックの曲線というモデルにあてはめて解釈しようとするわけであるが，一組のデータに対して，無数のこのようなモデルを立てることができるのであって，ロジスティックが唯一のモデルであるわけではない．

しかし，このモデルが，実に簡単な生物学的意味をもっていることが，研究上，有利であり，これを基本として，さらに現象によっては修正を施していきたいと思っているからに過ぎない（エヴリン・ハッチンソン）．そこで割合よくデータとあっている二，三の例をここであげておこう（図28〜31）．

図28はマッケンドリックとケサバ・パイの実験のデータであり，37℃でのペプトンスープ中での，ある大腸菌の成長を示しており，ロジスティックの曲線とよく一致している．

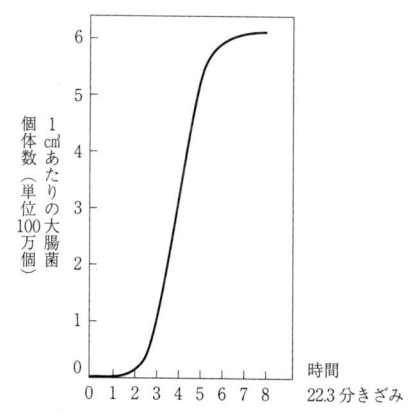

図28 37℃に保たれたペプトンスープ中の大腸菌の増殖

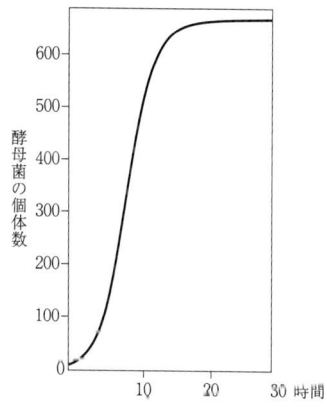

図29 カールソンによる酵母菌の成長．これがロジスティック曲線の最初のもの

図30 ゾウリムシの増殖曲線

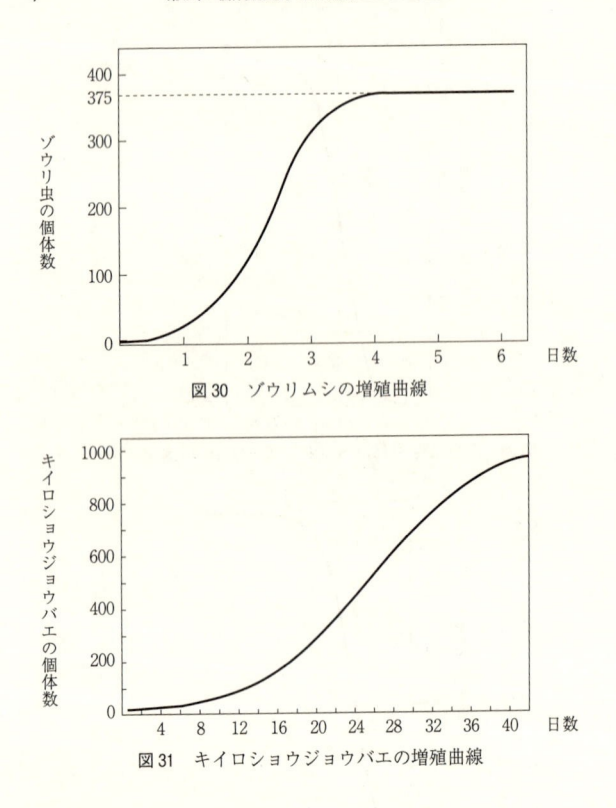

図31 キイロショウジョウバエの増殖曲線

4 内田俊郎氏の仕事

 1941年,京都大学農学部の昆虫学者,内田俊郎氏は,豆につくマメゾウムシの増殖についての観察をされた.直径

5 cm ぐらいのガラスの容器のなかで，豆と一緒に数匹のオス，メスのつがいのマメゾウムシをいれておくと産卵し，個体数はどんどん増えてゆく．その様子はグラフで書くと，概念的には図 32 のようである．このグラフで点線は卵の数，実線は成虫の個体数である．

　つまり，この昆虫は温度その他の環境条件にもよるが，世代が重ならないのである．人間の場合には祖父母，親子と 3 世代が同居はしていなくても同時に存在するが，この昆虫ではそうでなくて，親は卵を生みつけると，20 日ほどで死に絶えてしまい，卵は自然にふ化して幼虫になり成長して成虫となる．そしてこのサイクルが繰り返すのである．1 世代はほぼ 25 日ぐらいで，25 日ごとにマメゾウムシの成虫の個体数を計算して時間的変化のグラフを書くことができる．内田氏はアズキゾウムシの場合に 5 世代ぐらいから，10 世代までに個体数の振動がおこり，徐々に振動が減衰してゆくことを発見した．これはロジスティックの方程式ではおこらなかったことである．

　それは今となってみれば，まことにもっともなことであって，ロジスティックの方程式を導くときに，実は仮定していたこと，つまり考えている個体群は常に，どの時刻にも子を生んでおり，親と子とは共存しているという仮定をみたさない例であるからである．実際のグラフは図 33 のようになった．

　このようにグラフは時間がたつと（世代がすすむと）振動を繰り返してゆくのである．つまり，前に述べたような

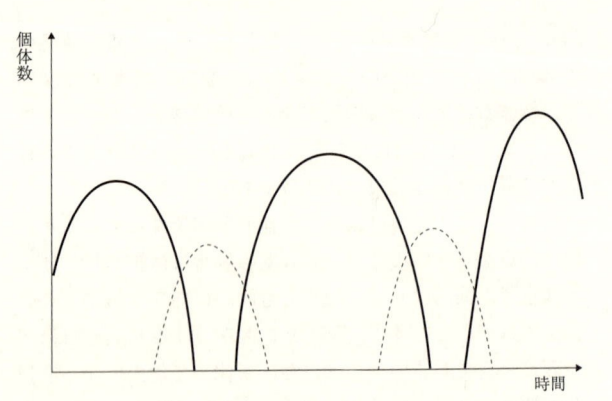

図32 マメゾウムシの増殖（点線は卵の数，実線は成虫の個体数）

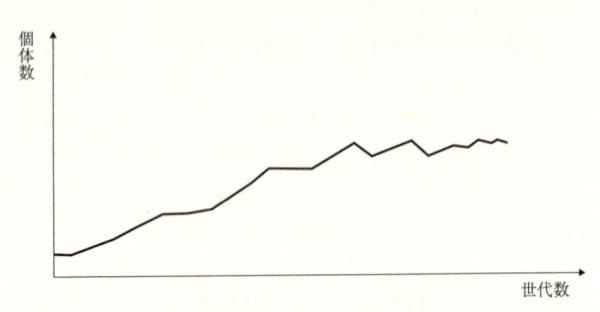

図33 アズキゾウムシの増殖

微分を用いることが無理なのである．どのように，ロジスティック式を修正すれば，このような個体数のふえ方を法則化できるであろうか．

ここではまず内田教授の解決案をふりかえってみたい. そこでもう一度, 64頁にあるロジスティック方程式の正確な解の形を思い出してみよう. 解の式は66頁にある.

ロジスティック方程式: $\dfrac{dN}{dt} = r\dfrac{(K-N)}{K}N$ \hspace{1em} (A)

その解: $N(t) = \dfrac{KN_0 e^{rt}}{N_0 e^{rt} + K - N_0}$ \hspace{1em} (A′)

であった. この解は非常に興味ある数学的な性質をもっている. それは内田教授と同じ頃からの京大の生態学者森下正明氏が発見されたものであるけれども, 任意の時間間隔 τ に対して次のような差分方程式を満足しているのである. 忍耐づよい読者は, (A) でたしかめてほしい. N の $n\tau$ での値, すなわち $N(n\tau)$ を N_n と書くことにすれば

$$\frac{N_{n+1} - N_n}{e^{r\tau} - 1} = \frac{r}{K}(K - N_{n+1})N_n$$

もう少しわかりやすく,

$$N_{n+1} = \frac{[1 + (e^{r\tau} - 1)r]N_n}{1 + \dfrac{(e^{r\tau} - 1)r}{K}N_n}$$

さらにもう少しカッコよく書くと,

$$N_{n+1} = \left(\frac{1}{b + cN_n}\right)N_n \hspace{1em} (B)$$

と書ける. ここで b と c は

$$b = \frac{1}{1+(e^{r\tau}-1)r}$$

$$c = \frac{(e^{r\tau}-1)r}{K\{1+(e^{r\tau}-1)r\}}$$

大変不思議なことは，τ という数が正であればどんな数であっても，ロジスティックの式（A）の解が（B）をみたしていることであって，普通，微分方程式を差分化して，差分方程式をつくったとしても，もとの微分方程式の解は，差分方程式を正確に満足することは期待できない．必ず誤差がともなう．またその誤差はきざみ幅 τ を小さくすると減少するが，τ が大きいと微分方程式の解と差分方程式の解は全く関係がなくなることを，このあとで示すことになるが，この（B）は（A）の近似（？）としては，τ がどんなに大きくても誤差 0 なのである．

これを図示してみる（図 34）．この図は 61 頁のグラフと全く同じものであって，その上に N_n はちょうど横座標 $n\tau$ のところでのっているのである．しかもきざみ幅 τ をどうとっても，この事実が成立するということは驚くべきことである．

したがって，この式（B）を用いて，72 頁に示したような振動を含むようなグラフを説明することは不可能なわけである．そこで内田教授は生物学的な理由（これは数学者である私にはわからない）によって，（B）の代わりに，次のような差分方程式（C）に変更された（ここでロジスティック方程式との数学としての関係はきれる）．

図 34

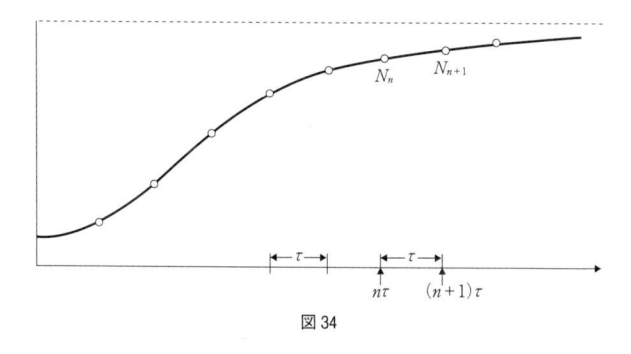

$$N_{n+1} = \left(\frac{1}{b_0+c_0N_n}-\sigma\right)N_n \quad 0<\sigma<1 \quad \text{(C)}$$

ここで b_0, c_0 は次の値である．

$$b_0 = \frac{1}{1+(e^{r\Delta t}-1)r}$$

$$c_0 = \frac{(e^{r\Delta t}-1)r}{K\{1+(e^{r\Delta t}-1)r\}}$$

つまり，前述の b, c に τ として Δt を代入した値であり，σ は新しい正のパラメーターである．

(B) と (C) はどれだけ違うだろうか？

あらためて (B) の式を

$$N_{n+1} = B(N_n)$$

と書き，(C) の式を

$$N_{n+1} = C(N_n)$$

と書いて，

① $Y = B(X) = \left(\dfrac{1}{b+cX}\right)X$

② $Y = C(X) = \left(\dfrac{1}{b+cX} - \sigma\right)X$

のグラフを検討してみれば，その違いがはっきりわかる．たとえば①を X について微分したものを考えると，それは常に負でないので，$B(X)$ が X について常に単調増加である．一方②を微分してみれば σ が正なので，X が小さいときは $C(X)$ は増加であるが，X が大きくなると，あるところから微係数が負となり，$C(X)$ は減少しはじめて，そのあとはつねに減少である．つまり (B) のグラフは増加するグラフであるが，(C) のグラフは山型になる．これは本質的なちがいである．

内田教授は (C) の差分方程式を用いることによって，ご自身の実験のデータのグラフを説明された．1953年である．この式 (C) は，常数 b_0, c_0, σ を調節してとることによって，正確な2周期の振動さえ出すこともできる．興味深いことは，内田教授の別の実験，すなわちマメゾウムシの種類を変更したもの，はじめの71頁に述べたデータはアズキゾウムシという種についての実験であったけれど，ヨツモンマメゾウムシについての実験ではグラフは図35のようになった．

つまりほぼ周期2というわけである．つまり1世代ごとに減少と増加を繰り返すわけである．このような場合も b_0, c_0, σ をうまくとって (C) の式で正当化できるわけであ

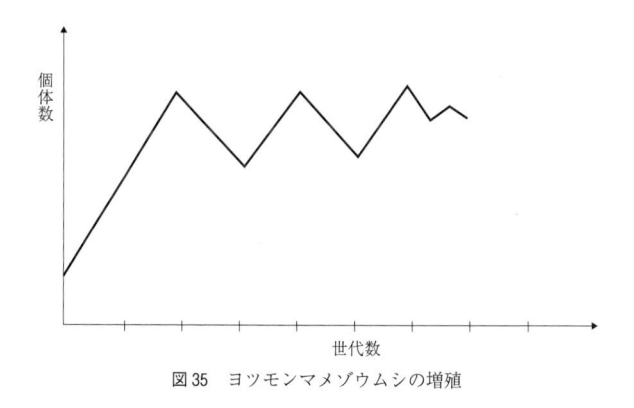

図35　ヨツモンマメゾウムシの増殖

る．

5　ロバート・メイの数値実験

　内田俊郎教授はこのようにして，ご自身の実験の結果を，ロジスティックの式と関係のない差分方程式（C）を用いることで説明することに成功された．ついでに内田教授のほかにも，ニコルソンという昆虫学者も，マメゾウムシではなくて，*Lucilia* という生物について同じようなデータ（ヨツモンマメゾウムシの場合と同じデータ）を 1954 年に得ていた．これも内田教授の式で説明できるわけである．

　ところで，1973 年，物理学から数理生態学に転向したロ

バート・メイはこの問題を理論的に再考した．この方がずいぶん簡単である．

メイもまたロジスティックの微分方程式から出発した．もう一度方程式を書いておくと，

$$\frac{dN}{dt} = r\frac{(K-N)}{K}N \tag{A}$$

である．この方程式は，既に64頁から66頁に書いたように，その解が初等関数を用いて書き下せたのであるが，もしそうしないで，(A) における微分を差分に直すことにすると，(A) の近似差分方程式が得られる．これは (A) を数値的に解くためのきわめて簡単な差分方程式でオイラーの差分法とよばれている．それをつくってみよう．

Δt を一つの時間きざみ幅として，微分係数を差分商でおきかえるのである．つまり，(A) において，

$$\frac{dN}{dt} \quad \text{を} \quad \frac{N(t+\Delta t)-N(t)}{\Delta t}$$

でおきかえてみよう．これは近似である．近似差分方程式は次のようになる．

$$\frac{N(t+\Delta t)-N(t)}{\Delta t} = r\frac{(K-N(t))}{K}N(t) \tag{A'}$$

もっとわかりやすく書くと，$N(n\Delta t)$ を N_n と書いて

$$N_{n+1} = \left\{(1+\Delta t r) - \frac{\Delta t r}{K}N_n\right\}N_n \tag{A'}$$

である．これは一つの差分方程式であり，また離散力学系である．

(A′) も前節で述べた (B) も (C) もすべてロジスティックを参考にして得られた差分方程式であるが，(B) だけが正確に (A) の解によって満足される差分方程式であり，(A′)(C) はロジスティック (A) の解によっては満足されないものである．したがって同じ N で書かない方がよいかもしれない．けれどもあえてここでは同じ N と書き，解がどれほど違うかを調べようというのである．

　これらの差分方程式または離散力学系は N_0 を定めると，$N_1, N_2, \cdots$ と順に，N_n がきまれば N_{n+1} が計算できる形になっているので，次々の N_n の値を求めることは容易である．特に計算機（ポケットコンピューターでもよい）でやればきわめてたやすい．そこでロバート・メイは1973年，Δt の値をいろいろ変化させながらコンピューターによる数値実験を試みたわけである．その結果は1974年のサイエンスに発表されたのである．彼の研究を紹介しよう．

　まず，方程式 (A′) を次のように別の力学系に変換する．新しい変数を x_n として，これを N_n から定義する．

$$\frac{r\Delta t N_n}{K(1+r\Delta t)} = x_n, \quad (1+r\Delta t) = a$$

　このようにおけば (A′) は x_n の方程式としてあらわされる．(A′) の両辺に

$$\frac{r\Delta t}{K(1+r\Delta t)}$$

をかけて，変換の式を参考にして書きかえると，

$$x_{n+1} = a(1-x_n)x_n \qquad (*)$$

となり、ずっと簡単である。変換の第2の式から、Δt や r を変化させることは、新しいパラメーター a を変化させることに対応する。

したがって、a をいろいろ変化させて、(*) という力学系の軌道がどのように変化するかをみればよい。これがメイの数値実験である。その結果はきわめて新しいものであって、しかも興味深いものなのである。なぜこんなことが数学者によって発見されなかったかという事情はのちに述べよう。(*) の式を次のように書くと

$$x_{n+1} = f_a(x_n) \qquad *$$

と、関数 $f_a(x)$ は図36の放物線である。

今パラメーター a の値を0から4まで変化させると放物線の頂点の高さは $\frac{a}{4}$ であるから、ちょうど a が4のとき高さ1であり、それまでは1より小である。このことは、離散力学系

$$(*) \quad x_{n+1} = f_a(x_n)$$

において、もし x_n が0と1との間にあれば、x_{n+1} もつねに0と1との間にあることを意味する。いいかえれば、x_0 からつぎつぎと x_n を計算していっても、決して計算機がオーバーフローしないことを意味する。もし (*) のかわりに線形な力学系、たとえば

$$x_{n+1} = 5x_n$$

などであれば、計算機はたちまちオーバーフローする。

図36

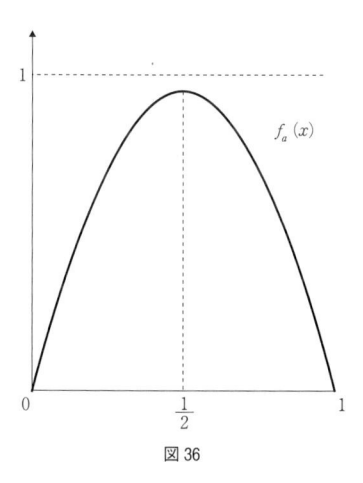

a を 0 から 4 まで変化させて（*）の軌道がどのように かわるかを書きくだす.

(i) a が 0 と 1 の間の値の場合

このとき f_a のグラフは図 37 のようになる.

x_0 を初期値とするとき，図のように，$x_1, x_2, x_3, \cdots$ は単調減少となって，x_n は n を無限大にすると 0 に収束する

このことは x_0 を 0 と 1 の間のどの点にとろうとも常に x_n は単調に 0 に収束する. 軌道のグラフは図 38 である.

図 37

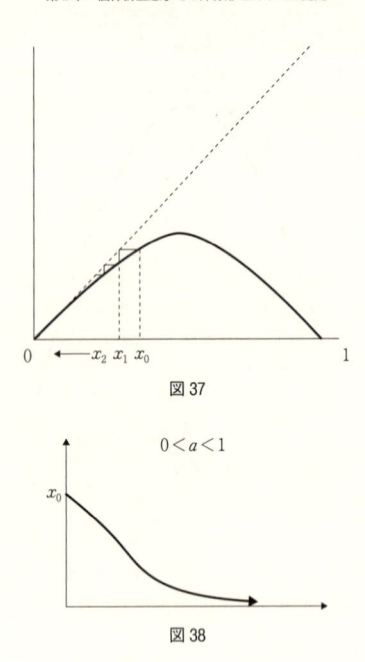

$0 < a < 1$

図 38

(ii) a が 1 から 2 までの間（両端をふくむ）にある場合

f_a のグラフは図 39 のようになる．したがって x_0 が 0 と対角線の交点 $1-\dfrac{1}{a}$ の間にある場合は単調に増大して，不動点 $1-\dfrac{1}{a}$ に収束する．

一方，$\left(1-\dfrac{1}{a}\right)$ と $\dfrac{1}{a}$ の間に x_0 がある場合は単調減少で $1-\dfrac{1}{a}$ に収束し，x_0 が $\dfrac{1}{a}$ から 1 の間にある場合は x_0 から

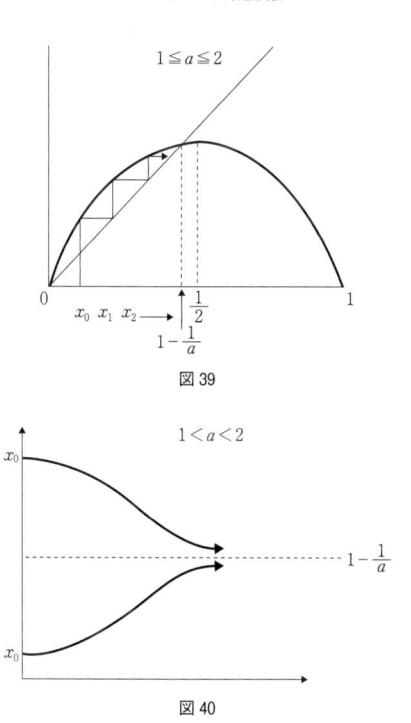

図39 の上部: $1 \leq a \leq 2$

図中ラベル: $x_0\ x_1\ x_2 \longrightarrow$, $\dfrac{1}{2}$, $1-\dfrac{1}{a}$

図 39

図40 の上部: $1 < a < 2$

図中ラベル: x_0, x_0, $1-\dfrac{1}{a}$

図 40

x_1 を計算すれば x_1 が 0 から $1-\dfrac{1}{a}$ の間の値となって，(i) の場合と同じになる．軌道のグラフを書くと（図40），結局 x_0 が 0 と 1 の間のどこにあっても x_n は $1-\dfrac{1}{a}$ に収束する．

(iii) a が 2 から 3 までの間のとき

$f_a(x)$ のグラフは図 41 のようになる．つまりグラフと対角線の交点つまり不動点 $1-\dfrac{1}{a}$ は $\dfrac{1}{2}$ より大きくなり，x_0 を 0 と $1-\dfrac{1}{a}$ の間にとって $x_1, x_2, \cdots$ を計算すると，x_n がこの不動点に近づくと，この不動点の値より大きくなったり，小さくなったりを繰り返しながら x_n は不動点に近づく．(ii) の場合のように単調に近づくことはない．軌道のグラフは図 42 となる．つまり減衰振動がおこるわけである．x_0 が 1 と $1-\dfrac{1}{a}$ の間の場合も同様に振動しながら不動点に収束する．これはちょうどアズキゾウムシでの内田氏の実験で見たグラフであり，(A′) がロジスティックの差分化で $\varDelta t$ が図中の不等式をみたすものをとれば説明できることを示している．

(iv) a が 3 より大で $1+\sqrt{6}$ より小の間の値のとき

$f_a(x)$ のグラフは図 43 のようになる．初期値 x_0 から $x_1, x_2, \cdots$ を計算すると，ある番号 n_0 からは周期 2 の軌道になる．軌道の様子をえがくと，図 44 になる．

このように 0 と 1 の間の任意の初期値 x_0 から出発してもすべて周期 2 の振動になってしまうのである．この場合不動点 $1-\dfrac{1}{a}$ は不安定になり，軌道が不動点に近づくことはあり得ない．これは内田氏の仕事ではヨツモンマメゾウムシの場合にあたる．

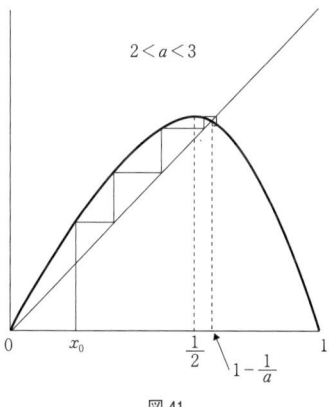

図 41

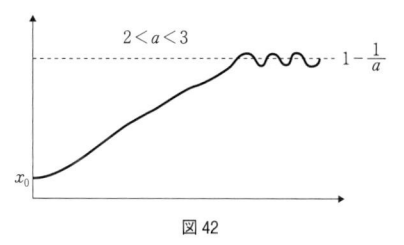

$2 < a < 3$

x_0, $\dfrac{1}{2}$, $1-\dfrac{1}{a}$

図 42

$2 < a < 3$

$1-\dfrac{1}{a}$

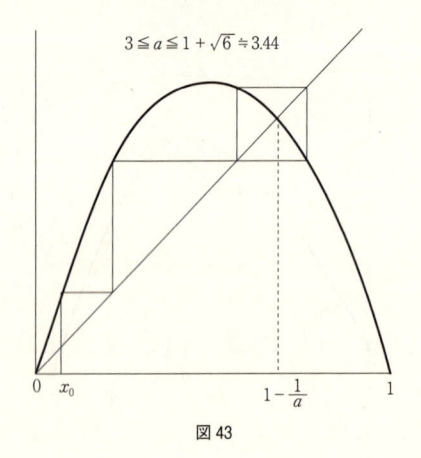

$3 \leq a \leq 1 + \sqrt{6} \fallingdotseq 3.44$

$0 \quad x_0 \qquad\qquad 1-\dfrac{1}{a} \qquad 1$

図 43

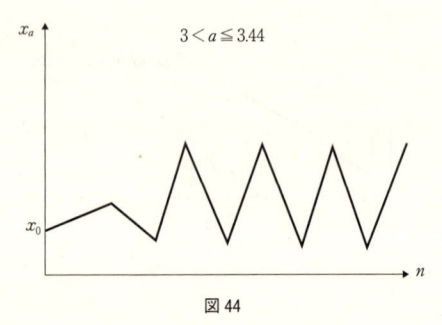

x_a

$3 < a \leq 3.44$

x_0

n

図 44

図45

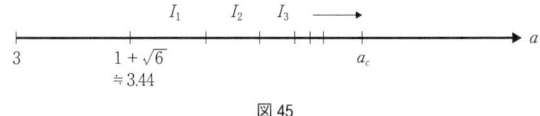

(v) a が $1+\sqrt{6}$ より大きい場合

a があるクリティカルな値 a_c までは図45に示すようなだんだん幅がせまくなる区間 $I_1, I_2, \cdots$ にわかれる．そして I_1 では4周期，I_2 では $8=2^3$ 周期，I_3 では $16=2^4$ 周期，$\cdots$ I_n ($I_n = [a_n, a_{n+1}]$ と書こう) では 2^{n+1} 周期の振動となる．a_c はこれらの区間 I_n の収束する a の値であり，ほぼ $3.57\cdots$ が a_c の値である．

ここまでで重要なのは，これらの振動が初期値 x_0 のとりかたにかかわらずおこったことである．つまり，0と1の間のどの x_0 をとってもそこから (*) で定義される離散力学系の軌道は，たとえば a が I_n にあれば 2^{n+1} 周期の振動に漸近し，それ以外の挙動をすることはないのである．たとえば3周期などは絶対に出てこないのである．

(vi) a の値が a_c をこえて4までの場合

ここでは (*) という離散力学系の軌道の様子は一変する．ここでは x_0 のとり方に依存して，あらゆる数の周期をもつ軌道もあらわれると同時にいかなる周期ももたないような軌道もあらわれる．また x_0 を少しでも変えるときわめてセンシブルに軌道の様子は一変する．これがロバー

ト・メイのコンピューターによる実験で得られたことなのである.彼は,このような軌道の様子をきわめて複雑な軌道 (very complicated orbit) の状態とよび,カオティクとよんだ.

読者は第1章第4節の最後のところで学んだことがメイの実験の a が4の場合にあたることを思い出してほしい.

ここで今まで述べたロバート・メイの実験の結果をまとめておこう.そのためにパラメーター a が0から4まで変化するとき,(∗) の解の x_n が n が無限に大きくなるときの挙動がどう変わるかということを次の分岐ダイヤグラムを書いて見てゆこうというわけである.分岐ダイヤグラムとは横軸に a の値を目盛り,縦軸には (∗) の解の x_n が n が無限に大きくなったときの漸近する値を目盛ろうというものである.

まず a が0から3までは問題はない.なぜなら,(i) から (iii) までの解の n が無限に大きくなる様子は,すべて一つの値に収束したからである.その値は (i) のとき0,(ii) (iii) はいずれも不動点 $1-\dfrac{1}{a}$ であった.a が3に達してからはまず2周期振動があらわれたので,これは f_a を2回,ほどこした $f_a{}^2$ (f_a を2回ほどこしたもの,すなわち $f_a(f_a(x)) = f_a{}^2(x)$ と書く)の不動点と考えると二つある.同様にして I_1 では 2^2 個,I_2 では 2^3 個というように漸近する値があると考えられるので,分岐ダイヤグラムは図46のようになる.

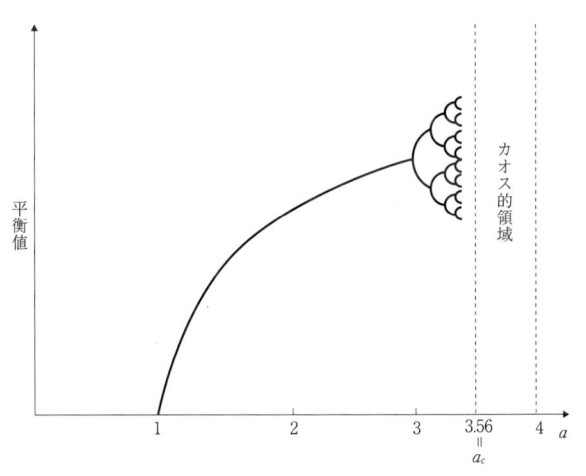

図46　分岐ダイヤグラム（くまで型分岐）

　以上でロバート・メイの数値実験についての説明をおわるが，上の数値実験の最後の部分はあくまでコンピューターによる実験の報告であり，それにしてもこんな単純な離散力学系の軌道がこんなに複雑になるという事実は画期的な発見といえる．実はこれが数学的に証明されるのであるが，それは次章で説明しよう．しかもそれは，後に述べる数学者リーとヨークとの二人がメイと出会ったことでみごとに世に出るという劇的な場面を経過してである．

第3章 カオスの物理・カオスの数理

1 乱流についてのローレンツの研究

　ある種の流体の運動において，定常な流れのパターン，規則正しい周期的な流れのパターンのほかに，周期的でもなく，全く偶然としかいいようのない流れの変化がおこることがある．たとえば，ある軸のまわりに水を入れた円筒状の水槽が回転しており，軸に対称に水槽のまわりが熱せられ，中心では冷却されるという実験がある（フルツやハイドの実験）．

　そのとき，ある条件では軸対称な定常な流れとなり，条件をかえると，規則正しい空間的なピッチをもった波動が生じる．これも対称である．ところが別の条件のもとでは非常に不規則な波が非周期的に生じ，波形もまた非対称かつ不規則に変化することがある．この最後の場合が乱流とよばれる流れの状態である．

　もっと日常的なことで説明するならば，お湯をわかすとき，下から加熱するわけであるが，そのとき水は一様に下から順々に温まって，そして最後に沸とうするのではなく，必ずある温度をこえると，対流をおこし，ぐるぐると

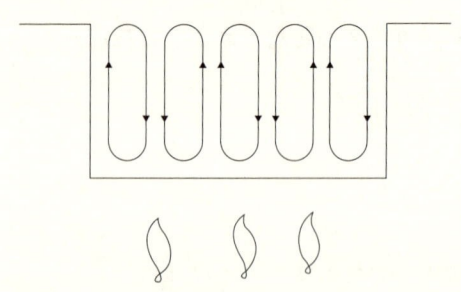

図47 対流が生ずる基本的な条件は場所による流体の密度差である．すなわち下部にあった流体は温められ，膨張して密度が小さくなり上昇し，上で冷やされて下る．

上下に廻る流れをひきおこし，さらに温度をあげると先に述べた乱流になり，これを沸とうとよぶ．

このように温度によって変化するわけであるが，この数学的な構造を計算機によって研究したのが地球物理学者ローレンツの 1963 年の研究である．彼はこの現象を支配する微分方程式として古来用いられているブシネスクの方程式をもととし，これを解くために次の三つの未知関数をふくんだ連立の常微分方程式系を一つの近似として導き出して，この解を解析した．

X, Y, Z はいずれも時間の関数であるが，それぞれ次の意味をもっている．そして三つで組になって流れの変化の様子をあらわしている．それぞれの意味を書いておこう．

$X(t)$ は対流の強さに比例する量である．したがってこ

れが0なら対流はおこっていない．

$Y(t)$ は対流で上下する二つの流れの温度差に比例する量である．これも0であれば対流がおこっていないことを意味する．

$Z(t)$ は上下方向の温度分布の差がどの程度，空間的に線形関数から離れているかを示す量であり．これも0であれば対流はおこらないことを意味する．

さて，この三つの未知関数を用いて，ローレンツの乱流モデルが書かれる．

$$\frac{dX}{dt} = -\sigma X + \sigma Y,$$

$$\frac{dY}{dt} = -XZ + rX - Y,$$

$$\frac{dZ}{dt} = XY - bZ$$

この式の中で σ, r と b という文字が見えるが，これはパラメーターで，σ はプラントル数とよばれ，流体の拡散の係数と熱伝導係数との比であって，これが変化することが流体の流れ全体を変化させる．しかし定数である．r と b は容器の形や流体の性質に関係するパラメーターで，それを一定にしておけば定数である．

さて，σ を10，b を $\frac{8}{3}$ として計算した．この連立微分方程式の解としての軌道の計算の結果を3次元の空間にあらわしておこう．ここで r を28ととった．

まず，この連立微分方程式の平衡点を求めておこう．つまりこの方程式で右辺の三つの式は

$$\begin{cases} -10X+10Y = 0 \\ 28X-Y-XZ = 0 \\ -\dfrac{8}{3}Z+XY = 0 \end{cases}$$

ただちにわかることは，X, Y, Z がすべて 0 の点，つまり点 $(0,0,0)$ が一つの平衡点である．この点以外につぎの二つの点 C と C' も平衡点である．

$$C = (6\sqrt{2}, 6\sqrt{2}, 27)$$
$$C' = (-6\sqrt{2}, -6\sqrt{2}, 27)$$

ここでは r を 28 ととって計算してみたが，もし r を小さくして，24 より小とすると，同じように C と C' がみつかるが，このときは C と C' は安定である．それは C と C' に近づいた解の軌道は，それぞれの C または C' に時間がたつと巻きついてしまうことを意味する．これは，先にのべた定常な対流がおこっていることに対応するのである．クリティカルな r の値は

$$r_0 = 24.74$$

であって，r_0 より r が大であると今計算した対流平衡点 C と C' は不安定，つまり軌道が C または C' にある程度近づいても，時間がたつとそこを離れるわけである．

それでは図 48a を参考に軌道をたどってみよう．対流がおこらない平衡点 $(0,0,0)$ をわずかに避けて $(0,*,0)$ という $(0,0,0)$ の近くから出発する．これは式からもし X も

1 乱流についてのローレンツの研究

$$\dot{X} = -10X + 10Y$$
$$\dot{Y} = 28X - Y - XZ$$
$$\dot{Z} = -\frac{8}{3}Z + XY$$

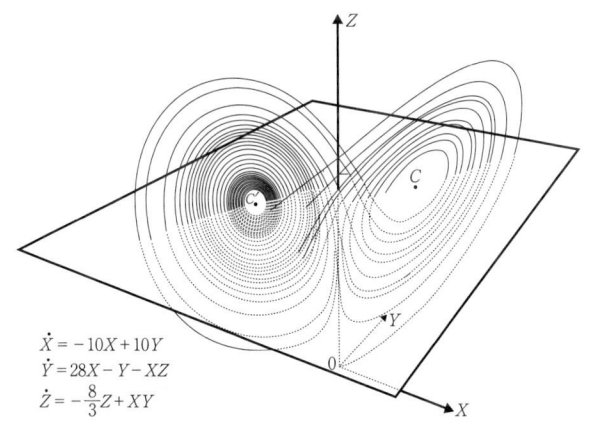

図48a ローレンツの乱流モデル
（ローレンツアトラクター）

YもZも0であれば，絶対に対流にならない．つまり方程式の右辺がすべて0なら $\dfrac{dX}{dt}, \dfrac{dY}{dt}, \dfrac{dZ}{dt}$ はすべて0だからである．rが28の値のときはこの $(0,0,0)$ という平衡点も不安定である．つまりどんなにこの点に近い軌道でも，時間がたてばそこから離れる．どの方向に離れてゆくか？

それを見るためには再び方程式をにらめばよい．

この点 $(0, *, 0)$ では次のようになっている（*は正の小さい値としよう）．

$$\frac{dX}{dt} \fallingdotseq 10*$$

$$\frac{dY}{dt} \fallingdotseq 28X - *$$

$$\frac{dZ}{dt} \fallingdotseq 0$$

したがって，第1の式からXは，急に正で大きくなる．それにつれて第2の式からYも正で大きくなる．これは対流の二つの温度差が大きくなり，冷たい部分は下に，熱い部分は上に入って入れかわることを意味する．

しばらくこのように軌道がのびると，(X, Y)の値は先にのべた不安定化してしまっている平衡点CまたはC'のXとYの値を上まわるので様相が一変する．Yはどんどん減り，ついにXとYの符号が反対となる．つまり熱い流体が下がり，冷たい流体が上がる．また上の軌道はもう一つの平衡点C'の近くにおちてくるが，前にのべたように，C'も不安定であるから，C'のまわりを不規則にまわりながら外にとび出し，そこで再びYの符号が変化しCのまわりにおちる．再び前と同様にCも不安定であるから，またCのまわりを不規則にまわったあとで，はじき出される．これが繰り返されるのである．

このような軌道の様子が，きわめてでたらめに近く見えるのを，正当化するためにローレンツはきわめて独創的なアイディアを用いた．この手法をローレンツプロットと呼ぶ．それを説明すると，軌道は時間tの関数としてグラフが書けるが，どのようにそれが変化しているかを見たいのである．ここでは$Z(t)$だけをとってみた．そして計算機

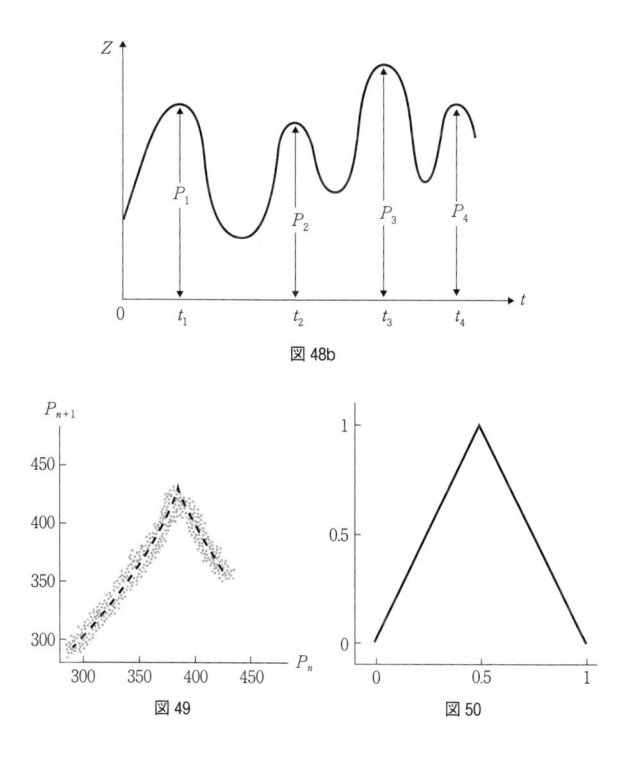

1 乱流についてのローレンツの研究

図 48b

図 49

図 50

によって，図 48b のように $Z(t)$ が極大値をとる時刻での Z の値を次々に計算し，それを (P_n, P_{n+1}) の平面の上にプロットして，どのように (P_n, P_{n+1}) を座標にもっている点が分布しているかを見た．

得られた図が図 49, 図 50 である！

これこそ，第1章の4節でくわしく説明し，また数学的な証明までやっておいた典型的なランダムな数列をつくるしくみである！
　その場合にも説明しておいたが，このような離散力学系は，ランダムな0, 1の数列を生み出すものなのである．その要件は何であったかというとグラフが連続で，かつ一つの正方形に含まれており，頂点が上の辺まで達していることであるが，この図は正にその要件をみたしている！

　　注意　上に説明した連立微分方程式が三つの未知関数 X, Y, Z から成立していたことは重要であって，もし未知関数が2個または1個のとき，微分方程式（連続な力学系）では，このようなことはおこらないことが数学的に示される．前章でロバート・メイの実験の最後でおこった複雑な様子の解は，微分方程式ではなく，1次元の離散力学系についてであった．このことは次の章で，著者らの研究で明らかになったことをいずれ説明しよう．

　さていよいよ，第3章で述べた生物に関係した複雑さと，いま述べた乱流の複雑さとが実は一つのものであったことの証明が次に述べるリーとヨークの定理である．

2 リーとヨークの定理

 1973年のある時,メリーランド大学の数学教室の教授であるヨーク氏のところに,隣の地球物理の教室の教授であるアラン・ファラー氏が訪れた.これはそれまでにもよくあったことで,地球物理の方面で数学的にむずかしい論文があると,「これは数学だ！」ということで,よくこのファラー教授がヨーク教授にそのような論文を読んで面白ければ研究するように手渡してくれたということである.そのとき渡されたのが前節で紹介したローレンツの論文なのである.

 ヨーク教授は早速これを当時数学の大学院生であった台湾出身のリー（李天岩）と一緒に読み,そしてその最後の部分に,深い興味をいだいた.つまりローレンツがいうような山型の関数がどうしてランダムな数列を生みだすのだろうか,と.

 特に図51のように,山型の頂点が正方形の上の辺についているときはよいとして,このような性質が出てくるためのグラフの関数はどんな性質を持てばよいのか？ という疑問をめぐって,ヨーク教授とリー大学院生との共同研究がはじまった.彼等はこれが,もっと一般的におこることはないだろうかと疑問をもった.もちろん,たとえば関数 $f(x)$ のグラフが山型でも,その頂点の高さが十分小であれば,こんなことはおこり得ない.それはロバート・メイの数値実験によって,われわれはすでにわかってい

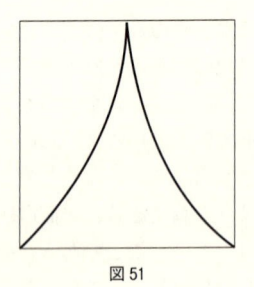

図 51

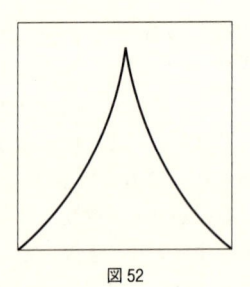

図 52

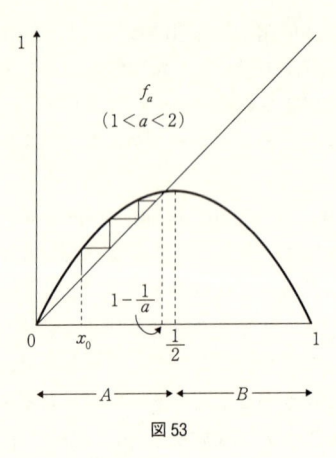

図 53 f_a $(1<a<2)$, $1-\dfrac{1}{a}$, $\dfrac{1}{2}$, x_0, A, B

る．たとえばメイの場合で a が1と2の間の場合などを見ると，そのときの数列 x_n は $1-\dfrac{1}{a}$ に収束する（83頁）．

それを図53で見ると，a が2より小のとき $1-\dfrac{1}{a}$ は A に属するから，第1章の第4節で述べたやり方で A, B の記号の列をつくっても，十分大きい n に対する x_n はすべて A に属してしまうので，とても A, B の任意の無限列に対応する x_n をつくることはできない．

ただリーとヨークの二人は，この1973年の時点ではロバート・メイの仕事も知らない．いずれにしても，苦心の末，次のような定理が成立するという予想をたてた．

リー－ヨークの定理の準備

$f(x)$ という関数が区間 $[0, 1]$ で定義されており連続であると仮定しよう．この関数の値もまた実数で，しかも同じ区間に入るものとする．そうであればこの f を用いて，次のような離散力学系（第1章第2節で説明した）を考えることができる．

$$x_{n+1} = f(x_n) \tag{A}$$

くわしくいうと，区間 $[0, 1]$ から区間 $[0, 1]$ への写像 $f(x)$ による離散力学系が定義できる．

この離散力学系について次の言葉を用意しよう．

〈不動点〉　$f(p) = p$ となる点 p のことである．

〈2周期点〉　$f(p) \neq p$ でかつ $f(f(p)) = p$ となる点である．第1章の第4節で用いた記法では $f^2(p) = p$ と書け

る．この言い方では不動点を1周期点といってもよい．

〈n 周期点〉　$n-1$ の周期点ではないが，$f^n(p)=p$ が成り立つような点，つまり $n-1$ 回の f の合成 $f^{n-1}(x)$ の不動点ではないが，$f^n(x)$ の不動点になっている点が n 周期点である．

前章第5節では，あまりくわしく説明しないで述べたが，ロバート・メイの数値実験であらわれた n が大きくなって以後あらわれた2周期，4周期，8周期の軌道とはこういう意味であった．

〈漸近的に周期的〉　この実例はロバート・メイの数値実験の例にたくさんあった．つまりパラメーター a が0と1の間では0という1周期の点に軌道が収束した．これを漸近的に1周期点に近づくということができる．a が1と3の間では同じく1周期点 $1-\dfrac{1}{a}$ に近づいたし，a が3と $1+\sqrt{6}$ の間では2周期の点に漸近したのである．2周期は振動であるから「n が大きくなるとともに2周期軌道に巻きついていった」といってもよい．これが漸近的に周期的になるという意味である．

これだけの言葉を用意しておけば，リーとヨークの定理を正確に述べることができる．

リー-ヨークの定理

$f(x)$ を区間 $[0,1]$ 上の連続関数として，f があとで述べるリー-ヨークの条件をみたしているとき，f によって

定義される（A）という離散力学系には次の二つの性質が証明される．
(i) すべての自然数nについてn周期の軌道が存在する．つまりそうなるような（A）の初期値x_0が区間$[0,1]$に存在する．
(ii) 周期的でもなく，漸近的にも周期軌道に近づかないように初期値x_0がとれ，しかもこんなx_0の集合は非可算個ある．

非可算個とは自然数の集合のように，一つ，二つと数えてゆける集合の大きさを無限であるが可算個とよぶ．非可算個とはそれより多いわけである．

そこで問題はこのような結果が成立するため$f(x)$の条件（十分条件）であるが，それを述べよう．

リー－ヨークの条件

区間$[0,1]$につぎのような点p,q,r,sがあって$f(x)$のそれらの点の上でとる値$f(p),f(q),f(r),f(s)$とp,q,r,sの位置の関係が次のようになっている．

$$s \leq p < q < r$$
$$f(p)=q,\ f(q)=r,\ f(r)=s$$

この条件を$f(x)$のグラフを用いて説明しておこう．

まずこの条件を埋解するために，簡単な例として，第2章第5節にある$f_a(x)$のグラフについて，この条件に述べられているp,q,r,sをどのようにつくるかを考えてみよう（$0 \leq a \leq 4$）．

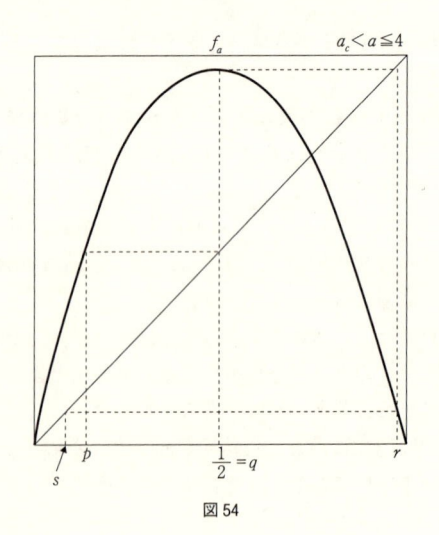

図中ラベル: f_a $a_c < a \leq 4$ p $\frac{1}{2}=q$ r s

図 54

$$f_a(x) = ax(1-x)$$

であった．今 a を 4 より小さくて，しかし 4 に近い値にして考えてみよう．p, q, r, s を求めてみよう．

まず $\frac{1}{2}$ のところ，つまり $f_a(x)$ の最大値からおろした垂線と対角線の交点から線分 $[0,1]$ に平行に平行線を引いて $f_a(x)$ と交わる点の x 座標が p である．q は $\frac{1}{2}$ ととれば $f(p) = \frac{1}{2} = q$，頂点から横軸に平行な線と対角線との交点の x 座標を r とすると $f(q) = r$．この r から同じ方法で s を求めると，目的通りの p, q, r, s が求まる．上の a の

2 リーとヨークの定理

大きさが小さくて頂点の高さが減ると,このような p, q, r, s を求めることは不可能となる.

これがリー–ヨークの定理である.これはきわめて意味の深い定理である.たとえば先の例で離散力学系

$$x_{n+1} = f_a(x_n) \qquad f_a(x) = ax(1-x)$$

のロバート・メイの数値実験でパラメーターが a から a_c までは,どの軌道にも3周期があらわれなかったことを思い出してもらいたい.周期はそれまで,いつも 2^n の周期だけであった.もしこの力学系に3周期の軌道があったとしてみよう.3周期点とは102頁に述べたように,$f_a{}^3(p) = p$ となる点である.しかも $f_a(p) \neq p$, $f_a{}^2(p) \neq p$.したがって,

$$p = p, \quad f_a(p) = q, \quad f_a{}^2(p) = r, \quad f_a{}^3(p) = s = p$$

とおけばまさにリー–ヨークの条件は満足される.したがって,リー–ヨークの定理の結論 (i) によって,どんな n に対しても周期点が別に存在することが示され,前章の第5節で述べた,ロバート・メイの数値実験の a が 3.57 より大で4に近い部分の説明が正確になしとげられたわけである.リーとヨークはこの論文に

「3周期はカオスを意味する」

「Period 3 Implies Chaos」

と名づけた.「カオス」という言葉が数学のことばとして現われたのはこれが歴史上はじめてである.

3 メイとリー，ヨークの出会い

　前節でリーとヨークが，ローレンツの研究に刺激されて，一つの定理を発見したところまでを述べた．彼ら二人がどのようにこの定理の証明を終わり，論文として世界に発表したかについては，たいへん興味深い物語がある．

　それをリー氏から直接に聞いたので，ここでそれをお話ししておきたいのである．

　一口でいって，彼等がこの定理，リー-ヨークの定理を証明し終わった時点では，彼等はその本当のねうちを未だよく知っていなかったようである．それがわかったのは，ロバート・メイとの偶然の出会いによるのである．

　前節で途中まで述べた，リーとヨークの発見物語を続けよう．1974年のある時，二人は先に述べた定理を証明しようとして努力していた．まずヨークが証明できた！　と喜んだが，その証明の細部を検討して，証明の誤りを発見したのだった．次に何週間かの努力の末，大学院生のリーができたと喜び，ヨーク教授とチェックしてみた．

　ヨーク教授はその考え違いを指摘した．リーは自分の誤りを認めた．そのとき教授が別の用事で部屋を出て行ったのである．そして，ヨーク教授が再び室に帰って来たとき，リーは先刻の誤りを訂正する方法を見出していた．二人で検討した結果，今度こそ，まちがいなく正しい証明になっていた．その証明をここで紹介することは，さしひかえるが，こうして彼等の論文ができたのだった．証明は本

当にむずかしいことは何も使用せず,単に連続な関数の基本的な性質と,その関数が区間から区間への1次元の写像であるというただそれだけで,前の節に述べた定理が証明されるのだった.できた論文は2, 3頁の短いもので,二人は本当に軽く考えていたようで,あまりに議論が簡単なので,これをアメリカの定評ある学術雑誌に発表することはやめて,数学教育者向けの雑誌である *American Mathematical Monthly* の編集者あてに送っておいた.

するとしばらくして編集者から手紙が来て,「この論文は,内容がむずかしすぎる.この雑誌は,数学者へ向けての雑誌ではなく,数学教育者向けのものであるから,この論文はこのままでは受理して公表するわけにゆかない.もしどうしても掲載が御希望なら,もっと丁寧に証明を補って再び送るように」という手紙だった.二人はがっかりして,訂正して送るファイトも失って,論文をどこかにしまいこんでしまった.

そして半年ほど経った.1974年メリーランドの大学に,前章で述べたロバート・メイが数理生物学の講演にやって来たということを聞いた二人は,例の論文のことなど忘れて,この講演を聴きに出掛けたのだった.

すると面白いことには,ロバート・メイの講演はまさにわれわれが前章の第5節で学んだ,ロジスティックのオイラー差分,つまり離散力学系

$$x_{n+1} = ax_n(1-x_n)$$

の話であった.話がすすむにつれて,二人は身をのり出し

た．最後に，われわれが第2章のおわりで学んだように，aがクリティカルな値a_cをこえて4に近いところでは，今までaがこの値以下の場合には一向に現われなかった奇数周期も，そしてあらゆる周期も出現すること，それらの解はきわめて初期値x_0にセンシティブに依存しているようにみえるということが話された．ロバート・メイのコンピューターによる数値実験の結果をきいて，二人は興奮した．講演が終わるや否や二人はメイに会って，二人が得た結果を話した．メイもそんなにすばらしい結果が出ているときいて驚いた．

　二人はその晩，帰ると同時に，前にしまっておいた論文の草稿をとり出し，証明についての補足をつけて，7頁になった草稿を再び送ったのだった．そしてこの論文はこの雑誌に受理され，1975年に印刷され，世界に公表された．

　この反響はすさまじく，200部あった論文の別刷は，世界中からの要求で2か月もたたないうちにすっかりなくなったそうである．

　この結果が公表されると，数学の諸分野でなされてきた研究のうちには，この定理ときわめて密接な関係のあるものも見つかってきた．そのうちでも特に，ソビエトのウクライナの大学にいたシャルコフスキーという人の研究は，一部分がこのリー－ヨークの定理よりも深いことを既に1964年に発見していたことも判明した．このシャルコフスキーの定理もあとで説明しておこう．

　この辺でリー氏から聞いた発見物語を終わるが，この定

理の発見については、いくつかの偶然がかかわっている. まずアラン・ファラーという学者がリー達にあのローレンツの論文を手渡さなかったら、この発見はなかったか、または他の人によってなされていただろう. ローレンツの研究は地球大気の専門誌に発表され、普通の数学者の目にふれるような場所に発表はされなかったからである. 次にリーとヨークがメイの講演をきくために出掛けたのもよかった. ここで彼等は自分達のした仕事のねうちを発見して、公表する気になったのである. そうでなければ、二人の論文草稿はどこかで眠ってしまったといえるのである.

4 シャルコフスキーの定理

リー-ヨークの定理が発表されると、いろいろな反響が各方面から寄せられたが、中でもソビエトのシャルコフスキーの研究は、美しくて重要である. ただし、これは1次元離散力学系の周期軌道に関してのみの定理である.

読者は第2章の第5節で行なった、ロバート・メイの数値実験を再び思いかえしてほしい. もう一度述べると、離散力学系

$$x_{n+1} = f_a(x_n) = ax_n(1-x_n)$$

では a が3より小さいときは周期解は全く現われず、3より大きで $1+\sqrt{6}$ より小のときはじめて7周期がでて、それ以後 a が小刻みにふえるごとに周期は倍々になって 2^n 周期以外は a が $a_c=3.57\cdots$ を越えるまで全く現われてこない.

どうも3周期とか5周期とかは現われにくいようなのである．いや，それ以上に奇数の因子をふくむような整数（たとえば6とか9とか）もでてこない．もちろんわれわれはリー-ヨークの定理で3周期がでれば，一挙に他のあらゆる周期の解がでることは知っている．

このような周期解の出やすさまたは出にくさについて，もっともっと精密な定理が既にリー-ヨークより9年前にウクライナで証明されていたのである．シャルコフスキーの定理を説明しよう．

シャルコフスキーはまず整数のならべ方を考案した．そのならべ方はシャルコフスキーの順序とよばれ，次のようになっている．つまり，まず3からはじめて奇数全部をならべ，次に奇数の2倍全部を$2\cdot 3$を先頭にならべ．その次には奇数の2^2倍を全部ならべる．次に2^3倍をならべて，すべてのnについて奇数の2^n倍をならべ，ここですでに無限列が無限個ならぶが，そのあとに2の巾2^nをnの大きい方から2まで並べ，最後に1を書く．これですべての整数がつくられることは，明らかであろう．つまりある整数が奇数なら，はじめの無限列$3, 5, 7, \cdots$の中にあるはずである．またその数が偶数なら，2で割り切れるだけ割って，2^pをとり出せば，のこりは奇数で，この列のどこか中間に入っているはずである．まとめてこの列を書くと，

$3, 5, 7, \cdots$
$2\cdot 3, 2\cdot 5, 2\cdot 7, \cdots$
$2^2\cdot 3, 2^2\cdot 5, 2^2\cdot 7, \cdots$

　　　　………
　　　　………
　　　　$2^n\cdot 3, 2^n\cdot 5, 2^n\cdot 7, \cdots$
　　　　………
　　　　$\cdots 2^n, 2^{n-1}, 2^{n-2}, \cdots, 2, 1$
　そこでシャルコフスキーの定理を述べる．

〔定理〕　今区間 $[0,1]$ で定義された連続関数 $f(x)$ を用いて，離散力学系
$$x_{n+1} = f(x_n)$$
の軌道を考える．k を任意の整数として，もしこの力学系に k 周期点があったとすると，上のシャルコフスキー列で k より右にあるすべての整数 p について，p 周期点がある．

　これがシャルコフスキーの定理である．

5　ランダムとカオス

　われわれはリー‐ヨークの定理で，はじめてカオスという言葉を聞いたわけであるが，これと第1章で説明したランダムな数列をつくるしかけとの関係はどうであろうか？結論からいうと，ランダムはカオスの一種であるが，カオスは不規則だけれどもすべてランダムではない．
　もう一度，メイの数値実験に用いられた力学系
$$x_{n+1} = ax_n(1-x_n)$$

に帰って考えると，a が4のときは，第1章の第3節で説明したようにランダムな数列をつくるしかけの一つとして用いられるのである．一方リー-ヨークの定理は a が4も含み，4より小でも4に近ければ，リー-ヨークの条件が満足されて，リー-ヨークの定理が適用できることを104頁あたりに示した．これはカオスである．さてどれだけちがうのだろう．もうおわかりの読者もあると思うが，カオスの方は何周期かという意味ですべての周期の解がでるのであり，ランダムの方はすべての周期のすべての種類の周期解がでるのである．

第1章34頁あたりに書いたように，たとえば A, B の記号列での3周期には本質的には2種類ある．

　　　$ABB \ ABB \ ABB \ \cdots$

　　　$AAB \ AAB \ AAB \ \cdots$

であって，ランダムのときはこの両方が必ず現われる．カオスの場合は3周期は必ずあるので，このどちらかは必ず現われるが，両方が必ずでるとは限らない．前記の力学系では a が4のときはきわめて強い結果がでるのである．k 周期の k が多ければ，k 周期の種類もふえる．けれどもカオスではその一つだけは保証されるのである．これもしかし，決して不規則性として弱い方ではない．なぜなら，無限に周波数の高い周期解がある場合，普通エンジニアはノイズだといっているくらいであるからである．

6 カオスのもう一つの意義. ランダムへのみちすじ, ファイゲンバウムの比

　第2章のおわりに述べた, メイの数値実験の意義を別の角度からつけ加えておきたいと思う. たとえば流体が管を流れているとき, 速度がおそい間はゆっくりまっすぐに流れ, 色素でも流して流線がわかるようにすると, まっすぐな線になる. ところが流体の速度が上がってゆくと, その線は揺れ出して, 速度の上昇とともに, そのみだれが大きくなり, いわゆる乱流というものになる.

　もう一つ, もっとはっきりしているのが, この章の最初に述べた熱対流からおこる乱流である. たとえばみそ汁を入れた鍋を下から熱するとき, だんだん温度を上げてゆくと, はじめは対流で, 上からみると正6角形の碁盤目ができて, 6角形の縁のところへ水が沈み, 熱くなった水は6角形の真中から上に昇るというようないわゆる対流がおこる. 結局これは, 熱せられた水の密度差によって生ずるわけである. この6角形はある種の流体（シリコン油など）では, きわめて明瞭に観察されている. さらに温度を上げると, 冷たい水と熱い水とが, もっとすさまじく動き合い, 交じり合うというのが, この章のはじめに述べたローレンツの数値実験が説明していることである.

　このように, はじめは秩序立ったものが, 何かが変わると, だんだんに無秩序なランダムなものに変わってゆくということは, 世の中にたくさん存在する. 少し文学的な表

現でいえば、乱れてない状態から、乱れそめ、さらに前節で述べたカオスの状態をへて、ランダムで乱れきった状態になる。とこのようなプロセスを一つの数学的なモデルで記述するということは、今までの数理科学的な研究でもなかったことである。また、第1章のはじめに述べたように、数学の立場も、一般的には、決定論的なプロセスの研究は、たとえば微分方程式論で、非決定論的（ストカスティック）なプロセスの研究は確率論で、と二分法が成立しており、その間が一つのモデルで一つのパラメーターを変化させるだけで数学的に実現させるということを、ロバート・メイの数値実験（第2章）はやって見せたことになり、本当に面白いことといえる。

これに関係して、見事な数学的な事実は、次のファイゲンバウムの予想である。ロバート・メイの数値実験では、aをパラメーターとして、
$$f_a(x) = ax(1-x) \qquad x_{n+1} = f_a(x_n)$$
という力学系の集まりを考えたわけである。メイのときは（87頁にあった $I_n = [a_n, a_{n+1}]$）

$$a_0 = 3, \ a_1 = 1+\sqrt{6}, \ a_2, \ a_3, \ \cdots, a_c$$

この a_n はクリティカルな値 a_∞ に収束するのである。しかも各 a_n では次々と周期倍加現象がおこり、89頁にあるような、分岐ダイヤグラム（くまで型分岐）がおこるのであった。

ファイゲンバウムは、次の比に注目した。

$$\frac{a_{n+1}-a_n}{a_{n+2}-a_{n+1}}$$

彼は,この比の極限を計算してみた.つまり

$$\lim_{n\to\infty}\frac{a_{n+1}-a_n}{a_{n+2}-a_{n+1}}=\delta=4.6692\cdots$$

である.この δ という定数は,ロバート・メイの数値実験のときの $f_a(x)=ax(1-x)$ についてだけではなく,くま 型の周期倍加を示すようなすべての f_a についての普遍定数であると予想した(1978 年).実際に他の数学的モデルでたしかめてもほぼ正しいし,数学の方ではコレット・エクマンとランフォードが 1980 年,f_a についてのある条件を課することによって,一般的にこの予想を数学的に証明した.一方実験の方はどうなったか.

1981 年ジグリオ(イタリア)達の流体ヘリウムの実験結果は,その熱対流から乱流への実験で,まさしく,この周期倍加現象を 2 周期からはじまり,$32=2^5$ 周期まで観察し.ファイゲンバウム定数 δ についての測定は先の 4.669 に近い値を得た.これは本当に測定法とコンピューターによるデータ処理技術の進歩に負うところが多い(図 55).

これらの事実は,主として物理学の研究者にショックを与え,それまでは単なる数学的現象と見られていたカオス現象は物理であるという見方が確立したといわれている.

この時期から,物理学におけるカオスの研究者の数が急増して,いろいろの分野,たとえば光学などの分野でも研究が増えてきた.

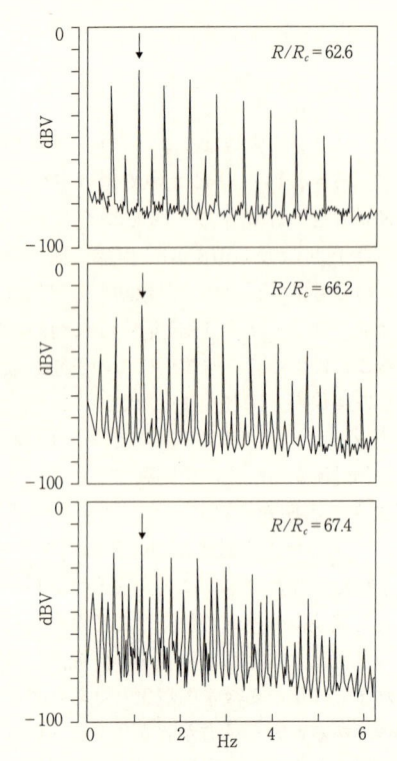

図 55 ジグリオの実験結果 上から次々と2周期, 4周期, 8周期のところにピークがある. R/R_c は温度.

7 新しい共通の研究テーマとしてのカオス

 1970年代までの仕事と,それ以後の仕事とをくらべてみよう.1960年代の世界を眺めてみると面白い.まず日本では,京大農学部で内田教授がマメゾウムシの研究を,せっせと数理生態学の研究としてやっていた.ソビエトでは今述べたシャルコフスキーが,他の分野のことは全く念頭に浮かべずに,数学として連続関数を用いた離散力学系の美しい研究をやっていた.アメリカでは地球物理学者ローレンツが気象予報の研究として,先に述べたローレンツプロットを調べていた.そして実は数学の内部では既に1800年代から,主としてヨーロッパでは
$$x_{n+1} = f(x_n) \qquad (*)$$
という形の力学系については,特に x_n が複素変数で,$f(x)$ は複素変数の解析関数(たとえば多項式,または有理式の場合)について,まさしくこの($*$)の方程式の解の研究をしていたのである.名前をあげればケーニッヒ,ダンジョア,ジュリア,ミルベルグで,1960年代ならミルベルグだけが生きており,この方程式を複素数で調べていた.これらについては第5章でお話ししよう.

 これらの世界各地で,数学者,物理学者,生物学者が互いにそれとは知らず,数学的にいえば一つのもの,($*$)の形の方程式を研究していたのである.

 そして,1970年代の後半に近くなって,メイの研究が糸口となって,これらのすべての相互関係がわかってきたわ

けである．諸科学が数学を通じて一つになった．もう少し詳しくみるとコンピューターの役割も大きい．1960年代の仕事のうち，ローレンツだけはコンピューターを用いていたであろうと思われるが，70年代になって，特にロバート・メイが，あの簡単な方程式にコンピューターを用いて以来，いろいろの分野の人が専門にとらわれない共通のイメージを得ることに成功したわけである．

　そして，新しい共通の研究の対象としてのカオス，共通にそれぞれの専門の研究を語り合う言葉，カオスが生まれたのである．話はここまでではない．もう一つ工学分野がある．次章では，カオスが既に工学分野では1950年代に発見されていたことを説明する．また数値解法という分野でも，異常な現象が発見されており，実はそれもカオスであったことをも次の章で説明しよう．

第4章 工学および数値解析とカオス

　工学でも，既に 1950 年代にカオスは発見されていた．一つは非線形振動論であり，一つは自動制御の理論の中でである．少しおくれて，大型計算機の使用とともに数値解析でも現われてきた．

1　ストレインジアトラクターとは

　図 56 に示す奇妙な図は，京都大学工学部上田睆亮(よしすけ)教授が，1961 年 11 月に周期的外力による非線形振動の微分方程式（ダフィンの方程式）をアナログ・コンピューターで解いておられたときに発見され，カオスの研究がはじまって以後，世界的に注目され，ジャパニーズアトラクターとよばれている現象になったものである．上田教授のお話によると，最初は機械の故障かと思われたそうである．これは後には別の非線形振動の方程式ファンデアポールの強制振動の方程式についても見出された．それではこれがなぜアトラクターとよばれるのか？　またなぜストレインジ（奇妙）なのかを説明しよう．

　まずアトラクターということであるが，再びロジスティ

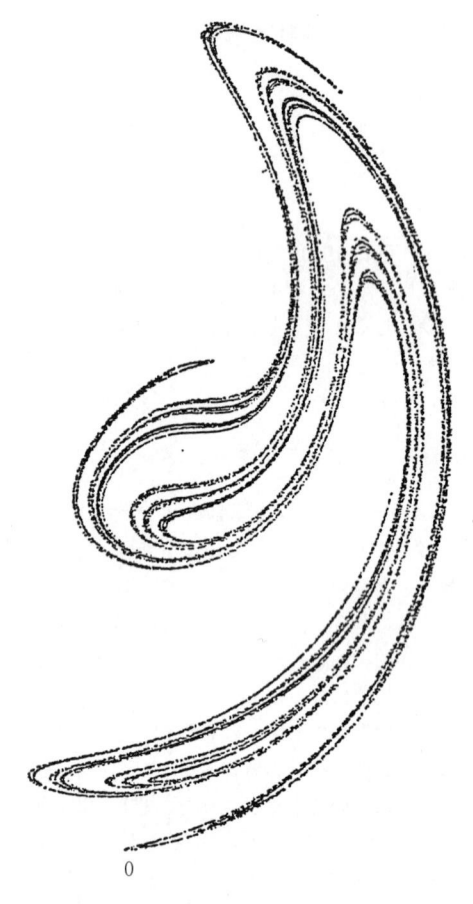

図 56 ジャパニーズアトラクター

ックの微分方程式（ここでは簡単にして N を x, r を 1, K も 1 とおく）に注目しよう．

$$\frac{dx}{dt} = x(1-x)$$

ここで x_0 を初期値として 0 と 1 との間にあって，0 でも 1 でもないものをとると，$x(t)$ は例外なく t を $+\infty$ に飛ばしたとき 1 に漸近する．

そのことは 66 頁にあった式

$$x(t) = \frac{x_0 e^t}{x_0 e^t + 1 - x_0}$$

からただちに見てとることができる．この場合座標 1 という点は x 軸上でアトラクター（引きつけるもの）である．1 の引力圏（1 にひきつけられる初期値の集まり）は x の正の軸から 0 をのぞいた全部である．

これは 1 次元連続な力学系におけるアトラクターの一例である．このようなことは 2 次元以上の連続な力学系，連立微分方程式でもおこる．たとえば 2 次元になると，もっと別のアトラクターもあるのである．

ファンデアポールの方程式（自律系）

$$\begin{cases} \dfrac{dx}{dt} = y - x^3 + x \\ \dfrac{dy}{dt} = -x \end{cases} \tag{V}$$

このような 2 次元の連続力学系は時間 t の関数で（V）を満足する $(x(t), y(t))$ が軌道であり，初期値は $(x(0),$

図 57　　　　　図 58

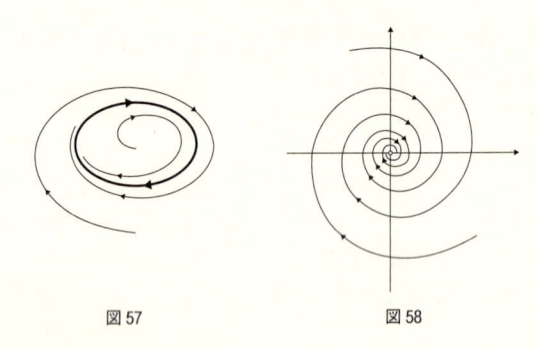

$y(0))$ という 2 次元の点である.

　この方程式 (V) の場合には, 一つの閉曲線 C が xy 平面にあって, どの初期値 $(x(0), y(0))$ から出る軌道も, この閉曲線 C に巻きついてゆくのである. このことは数学的に証明できる. したがって C はこの力学系 (V) のアトラクターであり, 引力圏は 2 次元の xy 平面全体である (図 57).

　このアトラクターはリミットサイクルと呼ばれる.

　2 次元でもっと簡単なものは,

$$\begin{cases} \dfrac{dx}{dt} = -x+y \\ \dfrac{dy}{dt} = -(x+y) \end{cases}$$

この場合は, y は x の対数らせんの関数となり (図 58), この場合は原点 $(0,0)$ が単純なアトラクターであり, 引力

1 ストレインジアトラクターとは

圏は全平面である．ここまでは数学的にも証明のできることがらである．

さて，そこで上田教授のストレインジアトラクターであるが，この場合は次のような強制振動である（ファンデアポールについても同じように強制振動が考えられる）．

その方程式はダフィン（Duffing）の方程式とよばれ次のような簡単なものである．

$$\frac{d^2x}{dt^2}+k\frac{dx}{dt}+x^3 = B\cos t \tag{D}$$

ここで $\frac{dx}{dt}=y$ とおくと，

$$\begin{cases} \dfrac{dy}{dt} = -ky-x^3+B\cos t \\ \dfrac{dx}{dt} = y \end{cases}$$

という2次元の力学系となる．$B\cos t$ があるので前に見たファンデアポールのように自律系ではなく，強制振動とよばれる．このような項があるだけで，大変むずかしくなって，なかなか数学的に厳密に解けない．そこで次のように考えることが割合古くから行なわれている．

xy 平面の各点 $(x(0), y(0))$ から $(x(2\pi), y(2\pi))$ への写像を考える．このとき $(x(0), y(0))$ は(D)の解の初期値であり，$(x(2\pi), y(2\pi))$ は (D) の解 $(x(t), y(t))$ の t が 2π のところの値である．この解が初期値の連続な関数になっていることはよくわかっているので，上に述べた写像は平

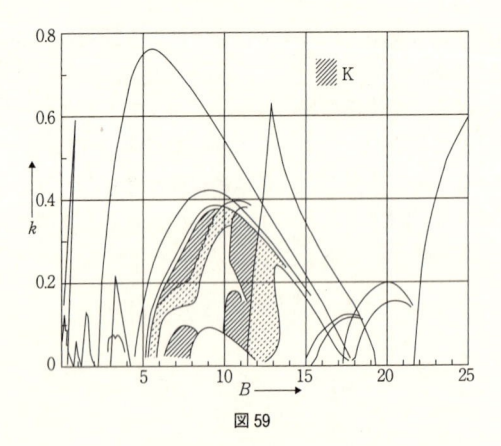

124　　　　　　　　第4章　工学および数値解析とカオス

図 59

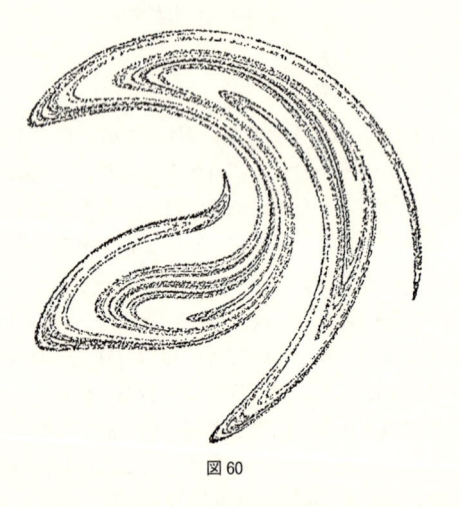

図 60

面から平面への離散力学系をあたえている．$\cos t$ が 2π の周期をもっていることから $(x(2\pi), y(2\pi))$ から $(x(4\pi), y(4\pi))$，また $(x(2n\pi), y(2n\pi))$ から $(x(2(n+1)\pi), y(2(n+1)\pi))$ へ写像で写されるので，この写像を T と書けば，T の繰り返し T^n を用いて，初期値 $(x(0), y(0))$ をもつ (D) の解 $(x(t), y(t))$ を 2π きざみで追跡することになる．そのとき，計算機による実験によって，方程式に含まれた定数 k および B が，ある範囲の値をとるときに，ある範囲の $(x(0), y(0))$ を領域（引力圏）におくと，必ずはじめに掲げた図 57 に収束するのである．

図 59 で斜線で示された範囲が，このようなアトラクターが出現する k と B の範囲である．

なお，図 59 の K の領域では図 60 にかかげるようなアトラクターになる．

ストレインジというのは引力圏に初期値をおけば，間違いなくこの奇妙な形の集合にひきつけられるのであるが，もしこの図形上に初期値をおけばどうなるかというと，それは実験の度ごとに軌道の様子がこの図形上で変化して，まるで偶然に変わっているように見える．上田教授はこれを不規則遷移過程と名づけられた．

この発見は，1961 年には発表されなかった．というのは日本には，このような結果を発表するべき雑誌がなかったからである．

上田教授によれば，彼の発見は，はじめて 1973 年春，電気通信学会誌に発表されたが，ここではきわめてひどい悪

評にさらされたということである．「君の論文は誤差評価をともなっていないし，シミュレーション効果についても論じていないから何の価値もない」「単なる実験の報告だ」とかいろいろの批判に困られたそうである．ただ名古屋のプラズマ研の百田弘教授とフランスのその方面の大家デビッド・リュエル教授がその価値を認めてから（1978年），がぜん世界的にも有名となった．

そして，この奇妙な図はその説明とともに，パリの科学博物館に大きく拡大して陳列されることに決定した．そういえばローレンツのあの不思議な図（95頁）も，ストレインジアトラクターの一種で，ローレンツアトラクターとよばれている．彼の場合も，1960年代に，彼の専門である気象学の学者たちに説明しても全く理解されなかったそうである．いずれにしてもローレンツアトラクターは数学的な研究が進んできたが，上田教授のアトラクターは未だ数学的に解明されておらず，神秘につつまれている．

2　自動制御とカオス

実はストレインジアトラクターの発見よりも，もっと早く，1957年頃カオスは気がつかれていた．それは工学のなかの非線形サンプル値制御の分野であり，有名なカルマンがこれを記述していることを，南雲仁一氏の教示で，著者は知ることができた．

非線形サンプル値制御とは，いちばん簡単な場合，次の

ように説明される．u というコントロールとよばれるパラメーターを含む，1階線形の微分方程式

$$\frac{dx}{dt} + bx = u$$

この微分方程式は u の値さえあたえれば，簡単に解けて

$$x(t) = e^{-bt}x_0 + \int_0^t e^{b(\tau-t)} u d\tau$$

と書ける．$x(t)$ は初期値 x_0 とコントロール u によって決定される時間 t の関数である．ここで時間を小刻みに時間間隔 T ごとにとり，しかもコントロール u が x_k つまり $x(kT)$ の値に非線形的に依存し，フィードバックされるとしてサンプルプロセス x_k の動作をみる（これが非線形サンプル値制御である）．この公式を用いてサンプル値 x_{k+1} は次の式で x_k から決められる．

$$x_{k+1} - e^{-bT} x_k = -u(x_k) \frac{1-e^{-bT}}{b}$$

したがって，次のように書くと

$$x_{k+1} = F(x_k)$$
$$F(x) = e^{-bT} x - u(x) \frac{1-e^{-bT}}{b}$$

という形の，再び第1章，第2章で述べた1次元離散力学系となる．今こころみに F の x に関する微係数を計算してみると

$$F'(x) = e^{-bT} - u'(x) \frac{1-e^{-bT}}{b}$$

となるから、F' が正または負の定符号であることはまれにしかおこらない。単調でない場合には、既に第1, 2, 3章で見たように軌道 x_n はカオスになり得る.

このことを1957年にカルマンは彼の論文で、一つの数値例とともに「一般的にはサンプル値系はもとの線形系とは全く異なる、ランダム系と考えてもよいような動きをする。この系を記述するためには確率論の言葉が必要だ！」とこう述べているのである。カルマンはヒントとしてわれわれが第1章で見た23頁の φ を挙げている.

3 スメールの馬蹄力学系とカオス

先のカルマンの研究よりも早く、ストレインジアトラクターの実験のところで述べた、非線形振動の研究は数学者の興味をひいた。多くの数学者、フリードリックス、モーザー、リトルウッド、カートライトらが1940年代から、1950年代にかけて多くの研究をしていた（実は著者も1952年頃、先に述べたダフィンの方程式やファンデアポールの強制振動の式の周期解の存在の研究をしたのでよく覚えている）。その中に唯一つ、カートライトとリトルウッドのファンデアポールの方程式の強制振動の場合の論文はきわめて難解で、理解することがむずかしかった。しかしこれは一つの周期解の存在だけではなく、無限に多くの周期解があることを示していたのである。この論文（1954年）をよく調べた有名な数学者、スメールは1964年、この

論法をよく吟味して，2次元の離散力学系でしかも位相同型な写像（1対1連続）で定義され，しかも無限に多くの周期軌道をもつような例をつくり，この方面の進歩に大きな寄与をした．

その力学系の名を馬蹄形力学とよぶ．これを説明しておこう．前に述べたように2次元の離散力学系は，次のような式

$x_{n+1} = F(x_n, y_n)$
$y_{n+1} = G(x_n, y_n)$ （F, Gはx_n, y_nの連続関数）

で定義されるが，このF, Gを次のような三つの操作の合成できめられる平面の変換で定義する．これらはいずれも平面から平面への1対1の連続な変換である．

第1の変換　正方形を細いテープ状に延ばす（図61）．
第2の変換　細いテープを馬蹄状におりまげる（図62）．
第3の変換　この馬蹄形のものを図63のようにもとの正方形に重ねる．

このいずれの変換も連続変形であるし，最後の図でも正方形と馬蹄形は1対1対応である．

最後に正方形から馬蹄形がはみ出しているのは不愉快なので，はじめに正方形に半円を両端につけて運動場の形にしておくと，大きさは今まったく問題にしていないので図64のように，もとの正方形もそれと連続1対1対応でできた馬蹄形も，つねにこの運動場にはすっぽり入っている．

これがFとGで定まる変換とする．このようにすれば，

図61 第1の変換

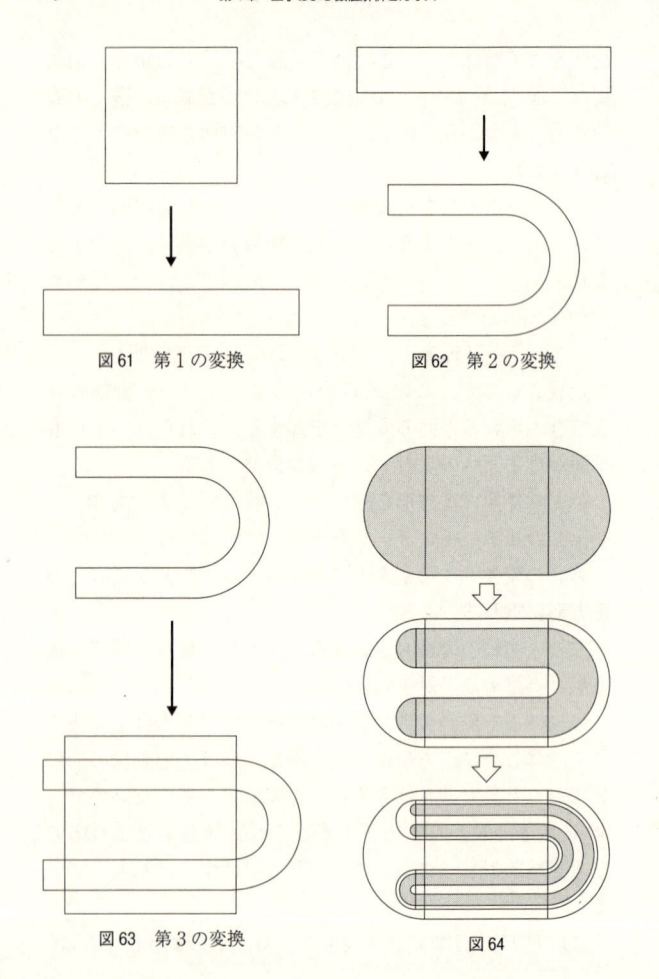

図62 第2の変換

図63 第3の変換

図64

この変換をさらにいくら繰り返しても，この運動場からはでない．F, Gをもう一度やってみよう．つまりF, Gの変数x, yにF, Gを入れた

$$F(F, G), \quad G(F, G)$$

がきめる写像である．

これを繰り返してゆくと，もとの正方形は，どんどんきわめて複雑な図形に写されてゆく．そして，先にのべたように，無限個の周期点がえられるのである．これはあたかも第1章でお菓子のパイをこしらえる場合について述べたが，それと似ており，ただしこの場合は，もとの材料を一度もちぎらずに混ぜてゆくのである．

4　2次元カオスの数理（ホモクリニックな点）

スメールのこの研究を発端として，数学の方では，これを一般化する研究が1960年代から70年代にかけて多くの数学者によって行なわれた．このような流れが，先に見た生物や物理および工学の研究と合流したのが，70年代後半から現在にかけてである．

ここでちょっとカオスの数理のうち，重要な言葉を一つ二つやさしく説明しておきたい

まず，もう一度第1章に述べた典型的なカオスをおこす離散力学系

$$x_{n+1} = \varphi(x_n)$$

$$\varphi(x) = \begin{cases} 2x & \left(0 \leq x \leq \dfrac{1}{2}\right) \\ 2(1-x) & \left(\dfrac{1}{2} \leq x \leq 1\right) \end{cases}$$

について,どうして第1章に述べたようなカオスがおこったかを,少し感覚的に考えてみよう.第1章でパイこねの操作でみたように,限られた場所へ,何重にも何重にも引き伸ばし,折りたたんで何かを入れてゆくとおこるのだといういい方ができる.

そこで式の φ について考える(図65).

まず第1に,この φ のグラフでは区間 $[0,1]$ にある点 x は,写像 φ によって再び同じ区間 $[0,1]$ にうつされる.したがってこの φ を何度繰り返し代入しても,いつも区間 $[0,1]$ からでてゆくことはない.いいかえれば x_n が $0 \leq x_n \leq 1$ をみたすとき $x_{n+1} = \varphi(x_n)$ もまた,$0 \leq x_{n+1} \leq 1$ をみたす.x_n という数列(軌道)はつねにこの区間をとびださない.

一方,図66に見るように,この写像は小さな区間を2倍の大きさに引き伸ばしている($\dfrac{1}{2}$ を含んだ区間だけ例外で引き伸ばされない).

つまり A'B' は AB のこの写像による像であって,2倍の長さになっている.もちろん $\dfrac{2}{3}$ の点はこの写像の不動点であって,そのまわりに線分 AB は2倍の長さの A'B' に拡大されるので,この不動点は拡大的不動点とよぶ.

このように写像が拡大であり、かつはじめに述べたように一つの区間 $[0,1]$ につねに閉じこめられていることから、カオスがおこるのである。これがもし拡大という性質のみであったならばカオスは絶対におこらない。カオスがおこるのは φ が非線形でグラフが山型に折れまがっているということが大切なのであった。線形ではこういうことは絶対におこらないことはわかるであろう。

さて次に2次元である。2次元の離散力学系はこの章でも、いろいろな場面で現われてきた。特にこの節で説明した力学系は1対1連続（位相同形とよばれる）写像を用いていた。

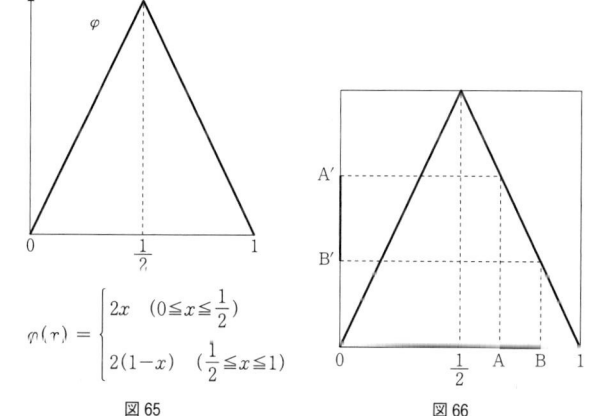

$$\varphi(x) = \begin{cases} 2x & (0 \leq x \leq \frac{1}{2}) \\ 2(1-x) & (\frac{1}{2} \leq x \leq 1) \end{cases}$$

図65

図66

双曲形不動点 P

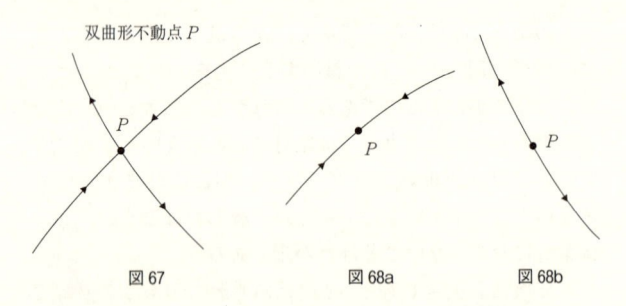

図67　　　図68a　　　図68b

　2次元では，1次元では現われなかった不動点が現われ，それが二つ組になると，軌道はきわめて複雑になることを既にポアンカレが彼の1890年代の論文で注目している．そのような不動点を双曲型不動点とよぶ．それを説明しよう．

　2次元の不動点の近くの軌道の状態はその点を含むある一つの方向では拡大であり，またそれと接しない別の方向では縮小という新しい現象が現われる．図67で示したようである．矢印は縮小と拡大の向きである．

　ここで図68aの P を通る線は P の安定多様体とよばれ，この線上を P_n（この離散力学系の軌道の点）が P に近づく曲線であり，また図68bは P の不安定多様体とよばれ，その意味はその線上を P_n が遠ざかっている曲線であるということである．

　ところが，ある場合に不動点 P の安定多様体と不安定多様体が横断的に（接して共通の接線をもつというようなことなく）交わることがある（図69）．そのとき図の H はホ

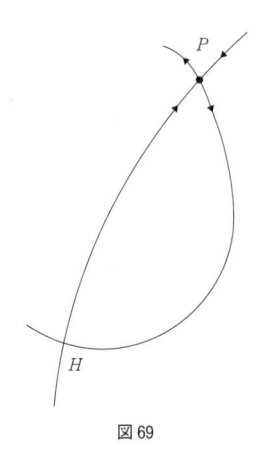

4 2次元カオスの数理（ホモクリニックな点） 135

図 69

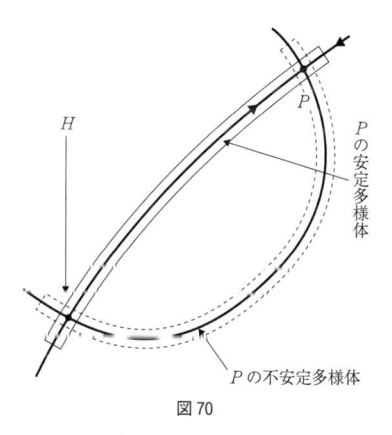

図 70

モクリニック点(同質二重漸近点)とよばれる.

このような状況が一つでもおこれば,軌道が複雑な様相を呈することが既に天文学でのいわゆる3体問題の研究からポアンカレによって注目されていたのである.

この図(図70)でPとHをふくむ安定多様体の弧の部分を中心線とする短冊形の領域Rを考えると,Pの近くでは縮まって正方形に近くなる.一方,不安定多様体の方では,このPのまわりの正方形は不安定多様体に沿って細く伸びる.そしてもとのようにHおよびPでRと交わる.このことは,先に馬蹄形力学で見たものと同じである.実際に歴史的には同質二重漸近点の方が早いのだが,このスメールの馬蹄形力学系と同じものなのである.

5 数値解析でのカオス

数値解法とは,たとえば第2章で述べたロバート・メイがロジスティック方程式

$$\frac{dx}{dt} = x(1-x) \qquad (A)$$

に対して,差分法

$$\frac{x_{n+1}-x_n}{\Delta t} = x_n(1-x_n)$$

を用いてx_nを次々とx_0(初期値)から計算したように,微分方程式において,時間きざみ幅Δtの整数倍$n\Delta t$のところでの値を,微分方程式における

$$\frac{dx}{dt}$$

を差分商

$$\frac{x_{n+1}-x_n}{\Delta t}$$

でおきかえて，初期値 x_0 から次々と x_n を計算してゆくことである．このロジスティックの場合には，別に 65 頁あたりに示したように，微分方程式を解くことは，初等的な不定積分を用いてできるので，このような数値解法を普通には用いる必要はないが，もっと複雑な微分方程式とか連立の微分方程式の場合には第 2 章のはじめの方の解き方はできない．近似であるが，適当な差分化をした方程式で数値解法を時には計算機を用いて実行するのである．既に第 2 章のロバート・メイの数値実験で見たように，ロジスティックの場合にも 78 頁のような差分式，今 N を x，r と K を 1 にとれば

$$x_{n+1}-x_n = \Delta t x_n(1-x_n) \tag{A′}$$

つまり，

$$x_{n+1} = \{(1+\Delta t)-\Delta t x_n\}x_n$$

という差分式で解いてゆくと，$1+\Delta t$ が前のパラメーター a にあたるので，これが 4 に近い，つまり Δt が 2.57 より大で 3 かまたは 3 に近いとき，もとの A の解とは全く様子が異なる解がでてきたことをみた．いいなおせば方程式 (A) の近似は (A′) であるけれども，Δt をこのように大きくとれば，カオスがおこったのである．

このことは，ロジスティックの方程式だけでなく，もっと一般的な自律的方程式

$$\frac{dx}{dt} = f(x) \tag{B}$$

について，オイラーの差分化

$$\frac{y_{n+1} - y_n}{\Delta t} = f(y_n) \tag{B'}$$

をとったとき，Δt が十分に大きければ，やはり，いつでもリー-ヨークの意味のカオスになることを，著者および俣野博，畑政義が研究した．

もっと面白いのは，ロジスティックでこのオイラーの差分化（B'）のかわりに，$\dfrac{dx}{dt}$ を

$$\frac{x_{n+1} - x_{n-1}}{2\Delta t}$$

でおきかえて，

$$\begin{cases} \dfrac{x_{n+1} - x_{n-1}}{2\Delta t} = x_n(1 - x_n) \\ x_1 = x_0 + \Delta t x_0 (1 - x_0) \end{cases} \tag{A''}$$

を用いてする数値解法であって，このとき図72に示すような奇妙なふるまいをする．

参考に（A）のロジスティック方程式の解を図71に描いておく．

この差分法はきわめて正確だということで知られていたが，このように異常なふるまいをするのである．つまり，はじめ初期値から出てしばらくは微分方程式（A）の解を

5 数値解析でのカオス

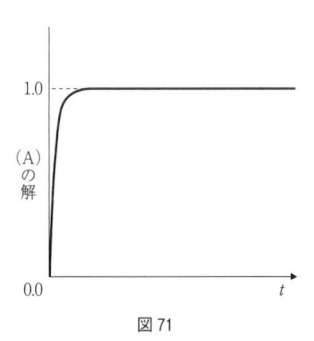

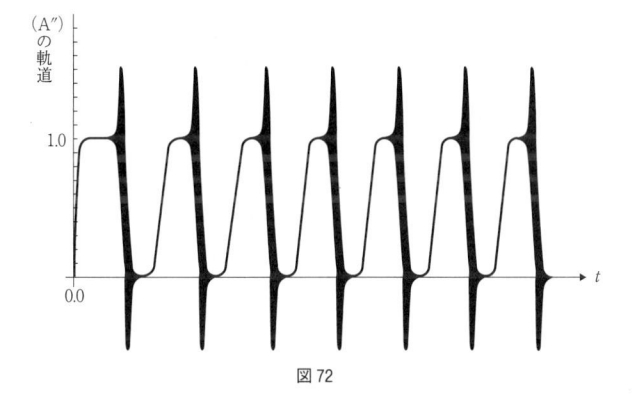

図 71

図 72

ほぼ正確にあらわしているが、1の値に近づくにしたがって、急に振動がおこり、振動の中心が下にさがり、再び0の近くで増加するなめらかな曲線となる。このとき微分方程式の解を平行移動したものを正確にあらわし、再び1に近づくと振動がおこるのである。

さらに興味が深いのは、この現象は Δt がどんなに小さくても起こるところである。しかもこのことは1980年、筆者と宇敷重広氏の仕事、および宇敷の仕事で数学的に厳密に証明された。

このように、数値解法とカオスは密接な関係でむすばれている。

その後この方面の仕事は、種々の差分法について試みられ、畑、パイトゲンなどがフォローした。

6 カオスの予言

第2章で述べたロバート・メイの数値実験でパラメーター a が3以下の場合には、初期値 x_0 が0と1との間のどんな値でも、x_n は $1-\dfrac{1}{a}$ に収束するから、これは予測可能ということである。一方 a が $a_c=3.57\cdots$ 以上となると、初期値の微小な差が x_n で、n が無限に大となると、その行動に大きな差を生じ、予測ができなくなる。これがカオスのカオスたるゆえんであった。にもかかわらず、まったく別の意味で、「カオスがおこる」ということについての予言が

できるということがある．これは1982年に生態学者バンデルメアが注意している．これについて，京大の木上淳が数学的にも検討しているので，そのことについて紹介しておこう．どんな意味の予言だろうか？

樹木がまきちらす種子を食べる昆虫の個体数の年を追っての変化を記述するモデルとして，やはりロバート・メイが次のような式を提案している．x_n は第 n 年目の個体数として，

$$x_{n+1} = f(x_n) = abx_n e^{-bx_n/m}$$

ここで，a は生き残り率とよばれる正の定数であり，bx_n/m は個体数 x_n のときの種子1個あたりの卵の数の平均個数とし（m は種子の全数），グラフを次に示す．このグラフを見ればわかるように x_n が非常に大きくなることを許している．しかし，前のメイの時と異なるのは，いったん個体数 x_n が非常に大きくなった翌年 x_{n+1} は非常に個体数が小さくなることをもあらわしている．

小さくなった x_{n+1} に対しては x_{n+2} も小さくて，何年か後ではじめて，先の x_n のようなピークに達する．このことをもう少し正確に説明するために図73を見ていただきたい．

この図で K は f がピークの値 $f(K)$ に達したときの x_n の値を示す．これをポピュレーションフラッシュ（個体数急増）の値という．そのときのポピュレーション（個体数）は $f(K)$ である．いま $f(K)$ という x_n の値から出発して，繰り返し代入を続けてゆくと，$f^2(K)$ の値は K より

図73

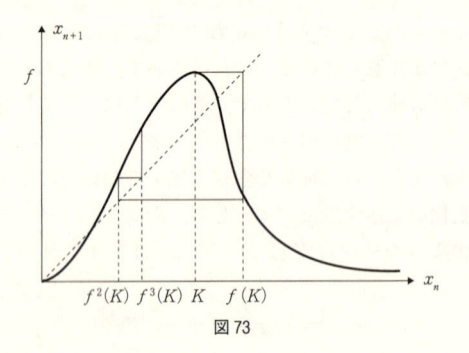

小になる．$f^3(K)$ でもまだ K より小さい，$f^4(K)$ になってはじめて K より大きくなる．この4という数のように，$f(K)$ というポピュレーションフラッシュがおこって，その後何年で再び K を越えるかという数，つまり，はじめて $f^{m+1}(K)$ が K を越えるときの数 m を，滞在時間（バンデルメアはこの $m-1$ の方を time of rarity 人口希薄時間と呼んだ）と名づける．

このようにすればバンデルメアの説くところは，この滞在時間 m を $f(K)$ の値からできるだけ正確に予言することができるためには，ピークの値が大きくてカオスとしての複雑さの度合が高かったならば，つねに可能であるといった．このことを木上淳は関数 $f(x)$ のまわりに小さいゆらぎがある場合も含めて，この意味での予言の正確さと，カオスのもつエントロピー（カオスの複雑さを示す量で，あとで説明する）との関係も数学的にあきらかにした．つ

まりエントロピーの高い方がポピュレーションフラッシュがおこる前の滞在時間を，より正確に予言することができるというのである．このことは興味あることであって，木の種子を食べて増える昆虫が多数発生する年があり，この年から数年の間は昆虫の個体数はそんなに大きくない．それから何年たって，再び大発生（ポピュレーションフラッシュ）がおこるかを予言することができる可能性は，ダイナミックスがカオス的であればあるほど，より正確に予言できるというのである．「嵐の前の静けさ」という言葉があるが，静けさの時間が予言できれば，嵐も予言できるわけである．なお，このモデルでは，毎年ふりまかれる木の種子の量は一定という仮定で成立していることは注目すべきである．つまり，植物の方には変化がなくてもおこることなのである．

7 離散力学系のエントロピー

「でたらめさ」の程度をはかる尺度としてエントロピーがあり，手近なところで堀淳一先生の『エントロピーとは何か』（講談社ブルーバックス，1986 年）というわかりやすいエントロピーの解説書もある

今まで説明してきたようにランダムを決定論的な力学系で実現できるのであるから，これにもエントロピーが定義できる．そのために 1 次元離散力学系 f にラップ数という数を対応させる．ラップ数とは今力学系が区間 $[0, 1]$ で

定義されるとき，f のグラフにいくつの単調増加または単調減少な区間があるかという数 $l(f)$ であり，山型の，たとえば φ なら $l(\varphi)=2$ である．したがって，代入を繰り返してゆくと，f^n のラップ数 $l(f^n)$ はうんと多くなる．たとえば $l(\varphi^n)=2^n$ である．これを用いると f のエントロピーは次の極限で定義される．

$$\mathrm{ent}(f) = \lim_{n\to\infty}\frac{1}{n}\log l(f^n)$$

たとえば

$$\mathrm{ent}(\varphi) = \lim_{n\to\infty}\frac{1}{n}\log 2^n = \log 2$$

である．

第5章 カオスからフラクタルへ

1 ニュートンの枠組をこえる

前の章で微分商 $\dfrac{dx}{dt}$ を差分商 $\dfrac{\Delta x}{\Delta t}$ で置きかえると，とんでもないことが非線形ではおこるということを示した．

しかし，普通には Δx や Δt が小さいとき，そのかわりに dx や dt を用いるというように理解している人も多いのではないだろうか？

どこが，おかしかったのか？ こういう考えはニュートンがはじめたにちがいないのだが，ニュートンのどこがいけないのだろうか？

ニュートンが間違っていたのではなく，ニュートンへの理解がまちがっていたのである．

いまニュートンが微分法をはじめた意図を，現代的な関数の概念を用いて言うと次のようになる．

「連続的に変化する変数 t の関数 $f(t)$ があり，これも t とともに連続的に変化するものとしよう．いいなおせば

$$\Delta f(t) = f(t+\Delta t) - f(t)$$

は Δt が限りなく小になれば，同じように限りなく小になると仮定しよう（このとき関数は t で連続という）．そのときに比

$$\frac{\Delta f(t)}{\Delta t}$$

が t を一定にして Δt を限りなく小にすれば，一つの値に近づく．

　このようなことが可能であるような $f(t)$ を考察の対象にしよう」．

これがニュートンの300年前の提案である．

数学や物理やその他の学問もほぼこの提案をうけ入れ，300年間やってきたといえよう．いいかえれば，上のニュートンの提案にあった条件をみたしている関数だけを考える風習になっていたのである．これは連続関数にさらに条件のついた，狭いクラスである．このような関数は t で微分可能な関数であるといわれ，また，すべての t で微分可能な関数を単に微分可能な関数とよんだ．その時期には微分不可能な関数は，物理などには全く現われなかった．

ところが，100年程前に，ワイエルシュトラスという学者がはじめて，連続ではあるが，すべての点で微分不可能な関数の式（無限級数）をみつけていたのである．これはあまり物理学者達の注意をひかなかった．その当時は関数が連続ならば，微分可能であって当然だと思われていたと

考えられる．またワイエルシュトラスの例は，論理的には正しいことかも知れないが，実際に物理学で現われる関数に，そんな異常な，病理的ともいえる関数が現われるはずもないといわれ続けてきた．ただ例外はあって，フランスの物理学者ジャン・ペランと，地球物理学者のリチャードソンであった．後者は大気の拡散の問題を深く考えた人だが，1925年の論文で，「風の粒子には速度（つまり，変位を時間 t の関数 $x(t)$ として速度 $\dfrac{dx}{dt}$）は考えられない！　それはあたかもワイエルシュトラスの関数のようなものだ」といっている．

　実は，ワイエルシュトラス以来 100 年，物理学における観測技術の長足の進歩と，そのデータを整理するための電子計算機の技術とが，ようやくこのような妙な関数に似たものをデータとして世界に示すようになってくるとともに，これらの関数は，病理的ではなく，むしろ世の中には，こんなものは非常にたくさんあるのだということが認識されてきたのである．

　ここで簡単につくれる，このような関数について説明しよう．実は第 1 章で述べたカオス的離散力学系，$\varphi(x)$ を用いてつくれるのである．

　昔よく，次のようなパラドックスと思われる 謎（パズル）を教えられたことがある．

「二等辺三角形の二辺の長さの和と底辺の長さとは等しい」

図 74

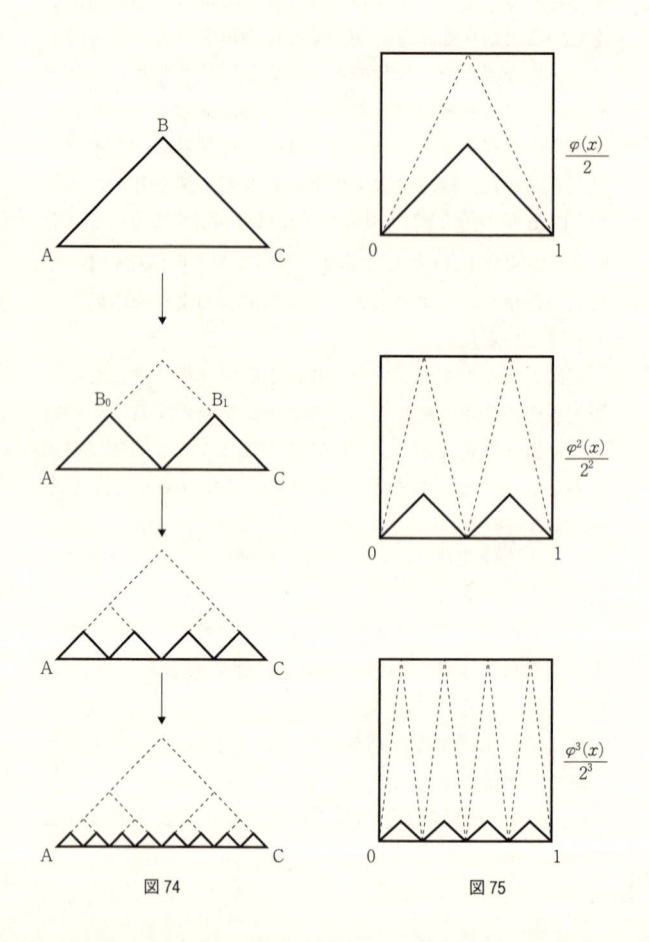

図 75

$\dfrac{\varphi(x)}{2}$

$\dfrac{\varphi^2(x)}{2^2}$

$\dfrac{\varphi^3(x)}{2^3}$

1 ニュートンの枠組をこえる

証明？

図74のように次々と作図してゆく．

この操作の途中で，底辺の上にあるジグザグの折れ線の長さはつねに AB と BC をあわせた長さである．一方この操作を無限に続けてゆくとジグザグの線の高さは，いくらでも小さくなって，底辺と見分けがつかなくなる．そうなれば底辺の長さと一致している．

これがよくある数学パズルの論法である．どこが間違っているのだろうか？ 一つ一つの段階での折れ線を C_n とすると，図形として C_n の極限は底辺の AB なのだが，その長さを $L(C_n)$ と書くとすると，$L(C_n)$ はどんなに n が大きくても常に AB+BC と等しい．したがって，その極限も AB+BC で AC とは異なる．

今，実は第2章で述べた $\varphi(x)$ について，$\dfrac{\varphi(x)}{2}$, $\dfrac{\varphi^2(x)}{2^2}$, $\dfrac{\varphi^3(x)}{2^3}$, と次々につくって，そのグラフを図75に示す．

これは先に図74で見たものと同じものである．これを今度は次々と足して一つの関数 $T(x)$ をつくる．つまり

$$T(x) = \frac{\varphi(x)}{2} + \frac{\varphi^2(x)}{2^2} + \frac{\varphi^3(x)}{2^3} + \cdots$$

この関数は連続関数であって，かついたるところで微分できないことは既に1903年に日本の高木貞治によって示されている．

高木の関数が，ニュートンの枠組に入らないことは次のように

$$\left\{T\left(\frac{i+1}{2^k}\right) - T\left(\frac{i}{2^k}\right)\right\} \Big/ \frac{1}{2^k} = P_{k,i}$$

を k が大きくなったときをしらべればよいが，図76で見れば $k=1, 2, 3, 4$ ぐらいで見ても様子がわかる．$i=2^{k-1}$ としてみると図76のように k の値が大きくなったときに $P_{k,i}$ は奇数，偶数とゆれうごいて，とても一つの数に収束するとはみえない．この高木の関数は，一般の日本以外の数学者の世界では知られていなかった．したがってずっと後にファンデアワルデンという有名な学者が，高木の仕事を知らずに，ほとんど同じことを1928年に公表している．この関数 $T(x)$ がすべての x で，微分不可能であるということを数学的に示すことはそう困難ではないが，ここでは差し控えておこう．

実はこのような考え方は，1875年にワイエルシュトラスによって発見された．やはり連続でかつ微分不可能な関数も，実は高木の関数と同じような表現ができることは，著者によってみつけられた．その場合この関数を生成する離散力学系は，実はロバート・メイの実験の場合の f_a で a が4のとき，すなわち

$$f_4(x) = 4x(1-x)$$

である．この関数を $W(x)$ と書き，前の $T(x)$ とともにそのグラフを示しておこう（図78）．

この二つとも，先に述べた構成法の一段階すすむごとにグラフの切れ込みが細くできてゆくのである．

1 ニュートンの枠組をこえる

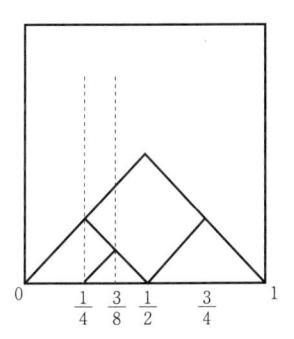

$P_{k,2^{k-1}}$
$P_{1,1} = +1$
$P_{2,2} = +1+(-1) = 0$
$P_{3,2^2} = +1-2 = -1$
$P_{4,2^3} = +1-1-1-1-1 = -2$

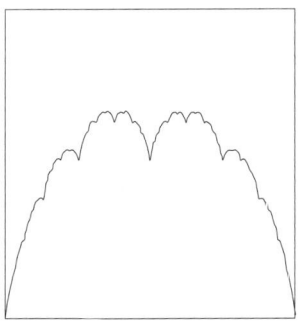

図76

図77 高木関数

第5章　カオスからフラクタルへ

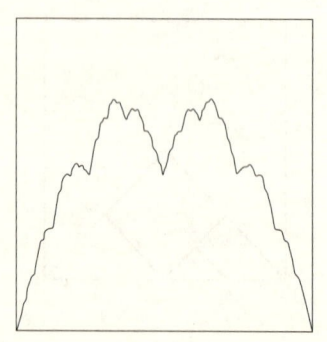

図78　ワイエルシュトラス関数

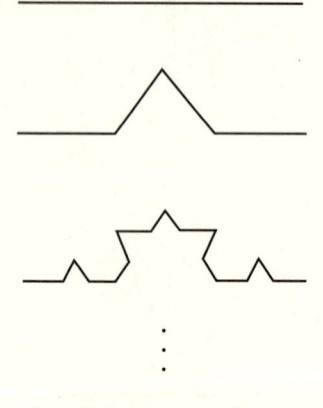

図79　コッホの曲線

似たようなグラフは，ワイエルシュトラスがこんな関数を発見した直後，1890年にファン・コッホが図79のような曲線をつくっている．

2　フラクタル

最近では，マンデルブローが，自然の海岸線や樹木の形，川の形などをシミュレートするための，一つの数学的理想化としてのフラクタルという概念を提案した．これは古い数学，つまり先に述べた19世紀末から20世紀のはじめに研究された，ワイエルシュトラスの関数，コッホの曲線，ペアノ曲線等を含むものとして，提案したのである．

フラクタルという名前の由来は，フラクション（分数）という言葉からきており，普通の図形の次元は1と2とか3とかの自然数であるけれども，たとえば先に述べたコッホ曲線の，後に少しくわしく説明するハウスドルフ次元（最近はフラクタル次元ともいわれる）が1.26…というように整数でないところからつけられ，普通の次元を位相次元とよぶが，ハウスドルフ次元が位相次元より高いものをフラクタルとよんでいる．コッホ曲線は位相次元が1で，フラクタル次元は $\log 4/\log 3 = 1.26\cdots$ なのである．

3　二つ以上の縮小による自己相似

もう一つの，フラクタル図形の特徴を説明すると，それ

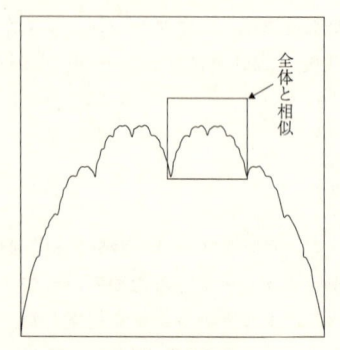

図80　高木関数

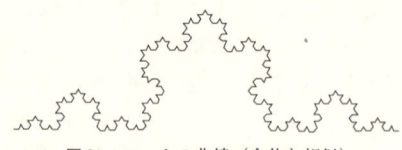

図81　コッホの曲線（全体と相似）

は自己相似とよばれるものである．自己相似とは，ある図形の部分が全図形の縮小された像になっているもので，世の中にある複雑なものの中には，こういう特徴をもったものが数多く存在する．数学でいえば，この章のはじめに述べた高木関数もそうであるし，コッホの曲線もそうである．

それを，もう一度上図に示す．

もっと身近な例で見よう．それは，日本でいわれる入れ

子構造である．典型的な入れ子は図82のようなものであり（図はソビエトの民具），また日本でも，たとえばダルマさんの中にダルマさんがあり，またその中にダルマさんがあるといったものがあるのはよくご存知であろう．

一つ面白い入れ子構造がある．フランスのチーズの箱入りに"La vache qui rit"バシュキリー（笑う雌牛）というのがあり，箱の上にはってあるラベルには，牛の笑っている絵が描いてある．ところがその絵の牛は一つの耳にイアリングをつけている．しかもそのイアリングには小さく縮小した同じバシュキリーのチーズの箱がぶらさがっている（図83）．こちらへ向いている小さい箱の表面のラベルには再び牛がイアリングをつけて描いてある．その中には……と無限に続く牛の絵の列が想像できるのである（実際は2回ぐらいしか描けない）．

このようなものは，いずれも，一つの図形の縮小をそれ自身の中に含むものであり，これを自己相似な図形とよぶ．実際に描く作業は有限回しか描けないが，数学的には自分自身のミニアチュアを含んでいるというだけで，そのミニアチュアは無限個，相連なって含まれていることになる．もちろん，それらのミニアチュアはどんどん小さくなるから，今まで述べた例ではどこか1点に収束する．

しかしそうでない自己相似図形もある．

たとえば今述べた，フランスチーズの箱入り，バシュキリーのラベルであるが，先に述べたのはほぼ30年前のパリで売られていたバシュキリーである．現在も売られてい

156 第5章 カオスからフラクタルへ

図82 入れ子   図83

3 二つ以上の縮小による自己相似　　157

るが，ラベルは少し変わっている．といってもわずかな変化であって，牛は一つの耳だけでなく両耳にバシュキリーのイアリングをつけている．

実はこれは大きな違いである．

図 84

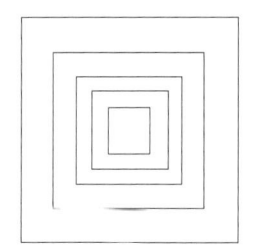

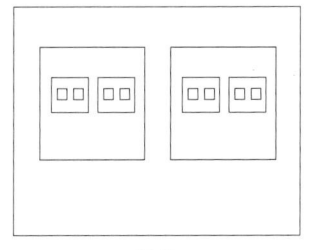

図 85

図 86

すぐわかることは、縮小されたミニアチュアの列は1点に収束しない。それは、牛の場合でいえば二つのイアリングにぶらさがったバシュキリーの小さなラベルには、また小さいのが二つついている（図84）。

このことは、もっと簡単な図形でいえば、イアリング一つのときは図85にあたり、二つのときは図86であって、決して1点に収束するのではない。

もっと簡単に1次元の線分でいうと、図87であり、もっと簡単なものでいうとコッホの曲線のときのもとになる（図88）。

これをカントールの集合とよぶ。この最後の集合は、図89のような二つの関数のグラフを用いてつくることができる。

f_0, f_1 は縮小写像で不動点はそれぞれ 0 と 1 である。

いま区間 $[0,1]$ の f_0, f_1 による像がどうなるかをしらべると、図90のように考えられる。

いま区間 $[0,1]$ を I と書いて、次の操作で次々と集合をつくってゆく。

$G(I) = f_0(I) \cup f_1(I)$　　　（$\cup$ は合併）

$G^2(I) = f_0(f_0(I) \cup f_1(I)) \cup f_1(f_0(I) \cup f_1(I))$
$= f_0 \circ f_0(I) \cup f_0 \circ f_1(I) \cup f_1 \circ f_0(I) \cup f_1 \circ f_1(I)$

そうすると、この操作は先にのべた一つの線分から真中の3分の1をとり去り、つぎに残りの二つの線分から3分の1をそれぞれとるという操作にほかならない。そこで

$$G^n(I) \text{ の極限 } \lim_{n \to \infty} G^n(I) = C$$

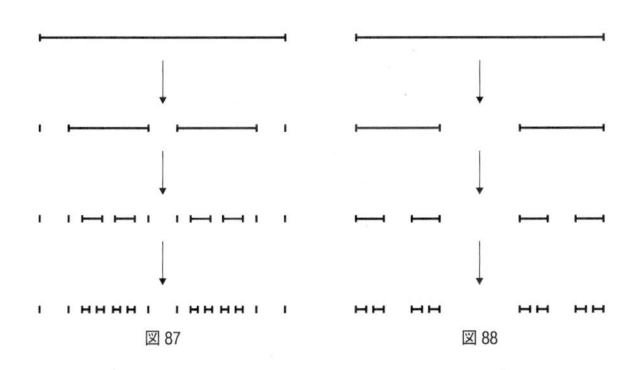

3 二つ以上の縮小による自己相似

図 87

図 88

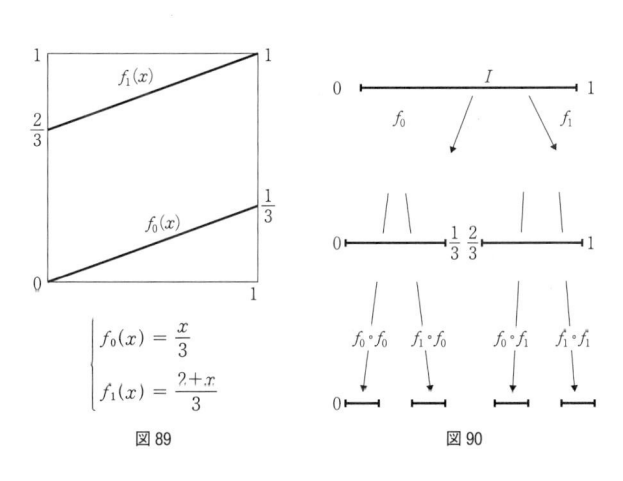

$$\begin{cases} f_0(x) = \dfrac{x}{3} \\ f_1(x) = \dfrac{2+x}{3} \end{cases}$$

図 89

図 90

とおくと，C は次の方程式をみたす集合である．
$$C = f_0(C) \cup f_1(C) = G(C)$$

文章でいえば「全体がそのいくつかの縮小像から成り立っている」と表現できる．

ところでもし，バシュキリーの牛のイアリングが一つだとすると，縮小写像は f_0 か f_1 かどちらか一つになってしまい C は1点になるが，今は f_0 と f_1 はどちらも縮小写像であるが，不動点（縮小の中心）が0と1であって相異なる．したがって C は1点ではない．C をカントールの三進集合とよぶ．

ここでもう一度復習すると，カントールの三進集合を縮小写像 f_0, f_1 の合成を用いてつくりだしたのである．

この f_0, f_1 についてちょっと考えてみよう．実は図91のようなグラフになる1価関数 f を考えてみよう．

つまりこの1価関数の逆関数が先に述べた2価の関数 f_0, f_1 の組であったわけである．

ここで第1章でのべたランダムな数列をつくるしくみをもう一度思い出そう．いま区間 $\left[0, \frac{1}{3}\right]$ を A，$\left[\frac{1}{3}, \frac{2}{3}\right]$ を O，$\left[\frac{2}{3}, 1\right]$ を B と書くことにすれば，第1章のときと同じように A, O, B の3種類のシンボルの列が考えられ，しかも第1章のときと同じ条件

$$f(A) \supset A \cup O \cup B$$
$$f(B) \supset A \cup O \cup B$$

がなりたつ．このことは第1章の第4節で述べたことを少

図91

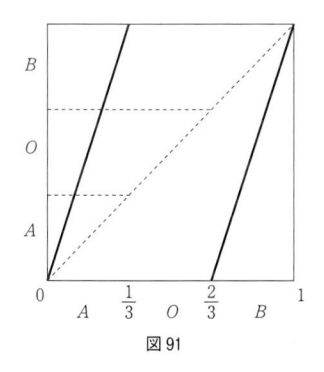

し修正して，A, O, B という三つのシンボルの列を考える．
今回少し事情がちがうのが，真中の O という区間である．
x_0 という初期値から力学系

$$x_{n+1} = f(x_n)$$

の軌道をつくってゆくと，すぐわかることは x_0 が O の部分にあれば，x_1 も x_2 もすべて O であるということである．このことは x_0 が区間 $\left[0, \dfrac{1}{3}\right]$ の中央の $\dfrac{1}{3}$ の部分にあっても同じであり，結局，はじめに区間 $[0,1]$ の真中の $\dfrac{1}{3}$，次に残った両側の $\dfrac{1}{3}$ の区間の真中の $\dfrac{1}{3}$，つぎにその残りの $\dfrac{1}{3}$ と，どんどん x_n の何番目かは O の区間に入る部分がでてくる．そういう部分をすべてとり去った残りは，160頁に述べたカントールの三進集合である．したがって，この力学系を，C すなわちカントールの三進集合の上

図92

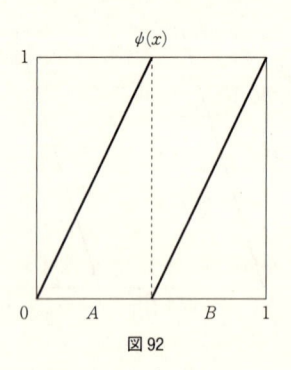

だけを考えることにすれば，第1章第4節で述べたϕは，図92のグラフであらわされるものと同じように，やはり第1章第4節のところで説明した意味でのランダムをつくり出す決定論的な離散力学系となるのである．

そこで，離散力学系の逆プロセスを考えてみよう．

4 カオスの逆プロセス

第1章第4節で述べたカオス的力学系では
$$\omega_0, \omega_1, \omega_2, \cdots, \omega_n, \cdots \tag{*}$$
をあたえたとき
$$x_{n+1} = \varphi(x_n)$$
$$x_{n+1} = \psi(x_n)$$
について，x_0を求めて，それからきまるx_nのすべてにつ

いて
$$x_n \in \omega_n$$
が成立することが証明された．

ここで，この問題をもっと積極的におしすすめてみよう．(*) つまり

$$\omega_0, \omega_1, \omega_2, \cdots$$

があたえられたとき，x_0 が存在するわけであるが，この x_0 を $\omega_0, \omega_1, \omega_2, \cdots$ の関数として決定できないかという問題である．このことを考えてみよう．まず有限の場合からはじめよう．次の簡単な場合についてしらべてみよう．第1章で二番目にみた $\psi(x)$ の場合である．

前に A, B という記号で書いたところを，ここでは0と1という記号に変更する．したがって ω_i は0または1のどちらかであり，それの有限列 $\omega_0, \omega_1, \omega_2, \cdots, \omega_n$ を考える．n を1として見れば全く明らかである．つまり ω_0, ω_1 があ

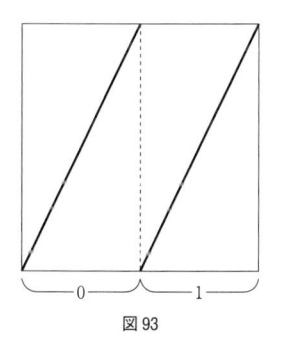

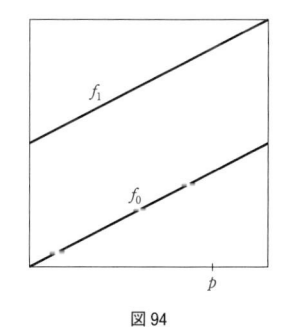

図93

図94

たえられて，x_0 を定め
$$x_0 \in \omega_0, \quad x_1 = \psi(x_0) \in \omega_1$$
となるように x_0 をきめるには，いま $\omega_0=0$，$\omega_1=1$ とすれば p を区間 $[0,1]$ の任意の点として，図94の f_0, f_1 を用いると，f_0, f_1 は ψ の逆関数である！

$f_0(p)$ はいつも0であり，$f_1(p)$ は1であるから，
$$x_0 = f_0 \circ f_1(p) \quad (f_0 \circ f_1(p) \text{ は } f_0(f_1(p)))\text{,}$$
これはつねに
$$x_0 \in \omega_0 = 0,$$
$$x_1 = \psi(x_0) = \psi \circ f_0 \circ f_1(p) = f_1(p) \in 1 = \omega_1$$

このように，ω_0 が0で ω_1 が1のときは目的を達した．ω_0, ω_1 の可能性は0と0，1と0，1と1と，あと3通りあるが，つねに f_{ω_0} と f_{ω_1} を用いて，任意の p について
$$x_0 = f_{\omega_0} \circ f_{\omega_1}(p), \quad x_1 = f_{\omega_1}(p)$$
ととればよいことは明らかであろう．いま n が1のときをやったけれど，一般のときも
$$\omega_0, \omega_1, \omega_2, \cdots, \omega_n$$
が与えられたとき，x_0 をみつけて，
$$x_i = \psi^i(x_0) \in \omega_i \quad (i = 0, 1, \cdots, n)$$
とするためには，$[0,1]$ 区間の任意の点 p をとって
$$x_0 = f_{\omega_0} \circ f_{\omega_1} \circ \cdots \circ f_{\omega_n}$$
とおけば解答になることは，想像できるだろう．

ここで f_{ω_i} はすべて縮小写像であったことを注意しておく．つまりいろいろの種類の縮小（縮小中心がすべて異なる）を合成して新しい縮小写像をつくるわけである．一つ

の縮小写像を何回も合成して新しい縮小を考えることは，今までの数学でよく用いられたことであるけれども，このように縮小ではあっても，その中心の異なる写像を合成することは，あまり今までの数学では話にされていない．

さて，nを無限大にしたときのことを解決しよう．それは容易に想像できると思うが，次のような極限をもってすればよい．問題の

$$\omega_0, \omega_1, \omega_2, \cdots, \omega_n, \cdots \quad (*)$$

があたえられたとき，

$$x_n = \psi^n(x_0) \in \omega_n$$

がすべてのnについてなりたつようにx_0を求めるというのが問題であった．答はpを区間$[0,1]$の任意の点として，有限の場合のように

$$\lim_{n \to +\infty} f_{\omega_0} \circ f_{\omega_1} \circ \cdots \circ f_{\omega_n}(p)$$

を考えると，これはpの値によらない一つの点に収束する．これが求めるx_0である．x_0は

$$\omega_0, \omega_1, \omega_2, \cdots, \omega_n, \cdots \quad (*)$$

をあたえれば決定するのである．

そこで（*）を0と1のすべての無限列についてあたえれば，x_0がいろいろ変わるが，それは区間$[0,1]$を埋めつくす．しかもこの区間をIとすれば

$$I = f_0(I) \cup f_1(I)$$

という160頁のカントール集合Cと同じ式をみたす．Iはf_0, f_1による（この節のf_0, f_1）自己相似集合なのである．ここから反省すると，カントール集合Cは158頁のf_0, f_1

について，やはり先ほどの極限
$$x_0 = \lim_{n\to\infty} f_{\omega_0} \circ f_{\omega_1} \circ \cdots \circ f_{\omega_n}$$
をすべての（＊）についてつくった x_0 がつくる集合なのであって，これがこの f_0, f_1 に対しての自己相似集合なのである．

これらのことから，自己相似集合というのは，カオス的離散力学系の逆のプロセスから生まれることに注意されたことと思う．

以下に興味ある自己相似集合の例をあたえる．

5 2次元の自己相似集合

2次元の平面は複素変数 $x+iy=z$ の平面（複素平面）として考えることができる．

たとえば，先に述べたコッホラインは次のような簡単な1次の縮小写像についての自己相似集合である．
$$f_0(z) = \alpha\bar{z}, \quad f_1(z) = (1-\alpha)\bar{z}+\alpha$$
ここで α を $\dfrac{1}{2}+\dfrac{\sqrt{3}}{6}i$ ととり，
$$K = f_0(K) \cup f_1(K)$$
をみたす複素平面の集合 K をとれば K がコッホラインになるのである．それを見るためには，前の節で述べた，
$$f_{\omega_0} \circ f_{\omega_1} \circ \cdots \circ f_{\omega_n}$$
の不動点をつくってみればわかってくる．n を 1, 2, 3 ぐらいにとってつくってみよう．

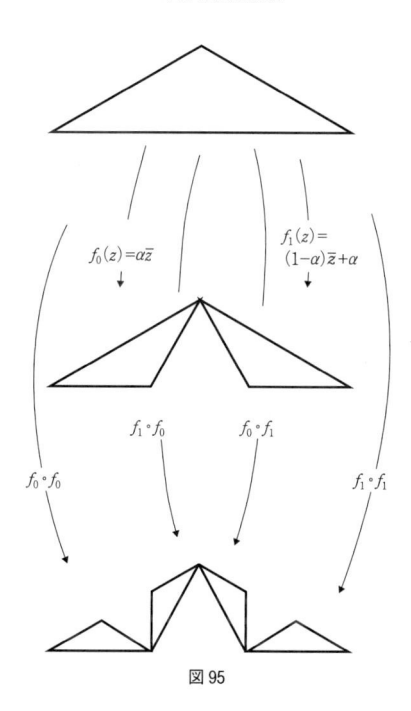

5 2次元の自己相似集合

図95

$f_0(z) = \alpha \bar{z}$

$f_1(z) = (1-\alpha)\bar{z} + \alpha$

$f_1 \circ f_0$　　$f_0 \circ f_1$

$f_0 \circ f_0$　　　　　　　　　　$f_1 \circ f_1$

図95

　まず f_0 の不動点は 0, f_1 の不動点は 1 である．

　次に京都大学畑政義の計算した例をあげておく．ちなみに，今まで述べたような複数個の縮小による自己相似集合という表わし方を発見したのは日本では彼が最初である．少しはやくアメリカでハッチンソンが同じことを見出していた．畑はコッホのときの f_0, f_1 を少し変えることによっ

て次のような美しい図を得ている（図96）．

$f_0(z)$, $f_1(z)$ の一般的な形は
$$f_0(z) = az + b\bar{z},$$
$$f_1(z) = c(z-1) + d(\bar{z}-1) + 1$$
として, $K = f_0(K) \cup f_1(K)$ をみたす K という集合の図形を描く．

ここで K は, a, b, c, d という複素数のパラメーターを次の (i)〜(vi) の6つの場合にとることによって描ける図形である．ファン・コッホの場合は

$$a = \frac{1}{2} + \frac{\sqrt{3}}{6}i = \alpha$$
$$b = 0, \quad c = 0$$
$$d = \frac{1}{2} - \frac{\sqrt{3}}{6}i = 1 - \alpha$$

であったので $(\alpha, 0, 0, 1-\alpha)$ とあらわされる．

このうち(iii)は1930年代にフランスの数学者ポール・レビイが研究し，手書きで図を描いたものまで残っている．

奇妙な単調増加関数

この章のはじめに，ニュートンの枠を破ることをいっておいた．普通ニュートンのはじめた微分学では，実変数 t の連続関数が単調に増加するための条件（十分条件）は，その導関数 $f'(t)$ が正であると教えられてきた．しかしルベックはきわめて奇妙な関数を1930年代に発見していた．その関数は「連続であってかつすべての点で増加している

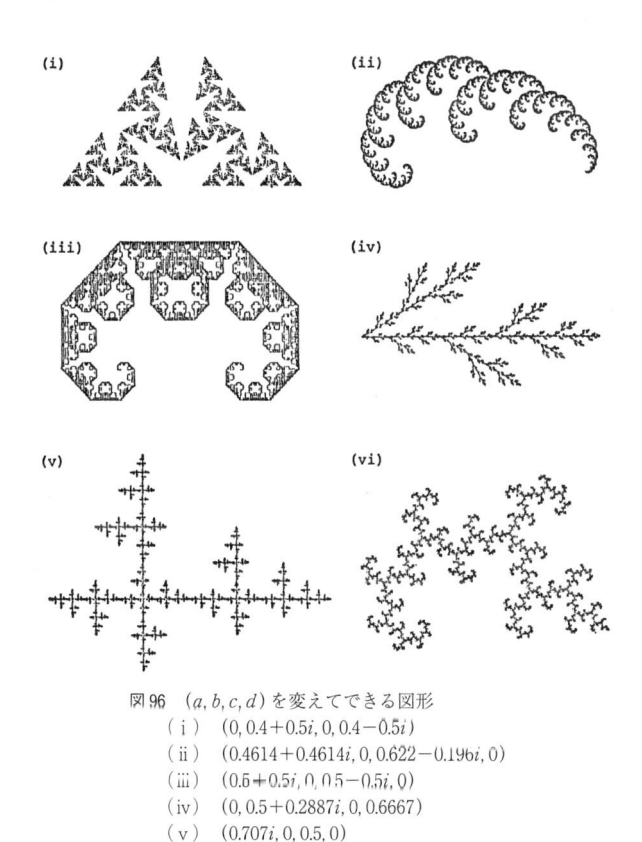

5 2次元の自己相似集合

(i)

(ii)

(iii)

(iv)

(v)

(vi)

図 96 (a, b, c, d) を変えてできる図形
 (i) $(0, 0.4+0.5i, 0, 0.4-0.5i)$
 (ii) $(0.4614+0.4614i, 0, 0.622-0.196i, 0)$
 (iii) $(0.5+0.5i, 0, 0.5-0.5i, 0)$
 (iv) $(0, 0.5+0.2887i, 0, 0.6667)$
 (v) $(0.707i, 0, 0.5, 0)$
 (vi) $(0.4614+0.4614i, 0, 0, 0.2896-0.585i)$

図97 ルベックの特異関数

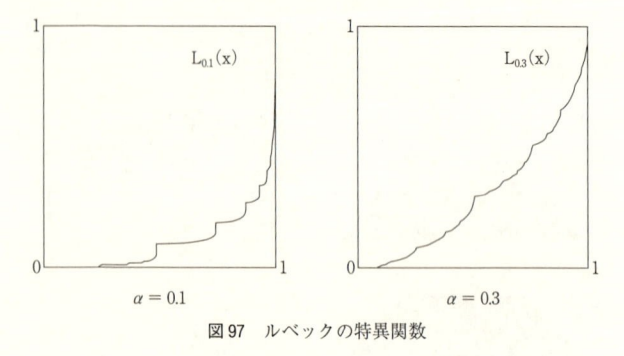

にもかかわらずほとんどすべての点で導関数が0である」というのである．この関数 $L_\alpha(x)$ はルベックの特異関数とよばれ，そのグラフは図97のようになる．この関数は α というパラメーターがあり，α の値により形が異なる．

　ほとんどすべての実数 t という表現について説明しておくと，区間 $[0,1]$ の中でルベックの意味の測度0の除外集合に属する t を除くということである．ルベックの測度0の集合の例は，この章のはじめにでてきたカントールの三進集合のようなもので，長さ1の区間から，中央の3分の1をとる．残った二つの区間からそれぞれ同じように中央の3分の1をとると，無限にやっていって残ったものがカントールの三進集合といわれるものである．今区間 $[0,1]$ からとり去られる区間の長さの和は計算できるのでやってみると

図 98

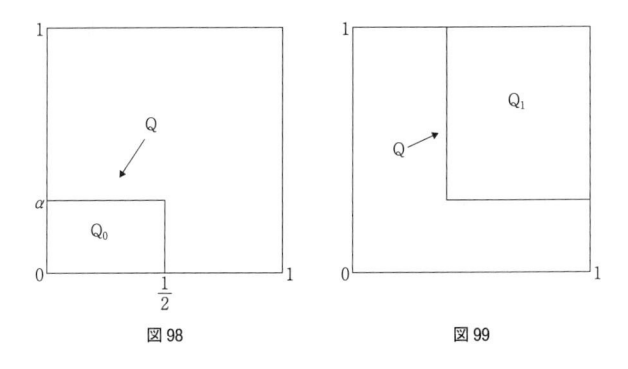

図 99

$$\frac{1}{3}+\frac{2}{3^2}+\frac{2^2}{3^3}+\cdots+\frac{2^{n-1}}{3^n}+\cdots$$

という無限級数の和であって，和は1となる．したがってその残りであるカントール集合は長さをもたない．このような集合がルベック測度0なのである．

この関数のグラフは再び2次元の二つの縮小写像による自己相似集合なのである．どのような縮小写像かというと，

$$f_0: \begin{cases} x' = \alpha x \\ t' = \dfrac{t}{2} \end{cases} \qquad f_1: \begin{cases} x' = (1-\alpha)x + \alpha \\ t' = \dfrac{1+t}{2} \end{cases}$$

f_0 によって一辺1の正方形 Q は左下隅の長方形 Q_0 にうつされる．また f_1 によって Q は右上隅の長方形 Q_1 にうつされる（図 98, 99）．

多角形の辺の数が無限に多くなった極限は円とは限らない！

今の例と少し関連するが次のようなことを考えてみる．

断面が正方形の角材がある．この断面について，各辺の中央の3分の1を残し，角を切り落とす．8角形ができるが，これに同じ操作をする．これを無限に続けて得られる極限の図形は何であろうか．実は円ではない．図100に見られるように，この最後の図形に内側から近接する多角形はたしかにある．

つまり，各段階での削り残された面の中点を結ぶ多角形が近接してゆくのである．ちなみに一度，削り残された面の中点となった点はすべて，この最後の曲線上に残る．したがって，ほとんどいたるところで，この曲線の曲率は0である（円の曲率はいたるところ正の常数である）．図104は畑政義氏によるこの図形のコンピューターによる面影である．図102のように曲線の4分の1はまず三角形 ABC に入り，次にその二つの縮小である $AA'M(\frac{1}{2})$ と $CC'M(\frac{1}{2})$ に入り，さらに四つの細い3角形に縮小されてゆく．これもまた自己相似集合なのである．

このように f_0, f_1 を縮小写像として決めるごとに，全体はすべてその全体を縮小した部分から成り立っているという自己相似集合ができる．

海岸線，川，樹木なども，もし適当な近似としての f_0 と f_1 をみつけられれば，それを再現（近似的に）できるかもしれない．どのように f_0, f_1 をさだめるかには，未だ統一的方法はない．

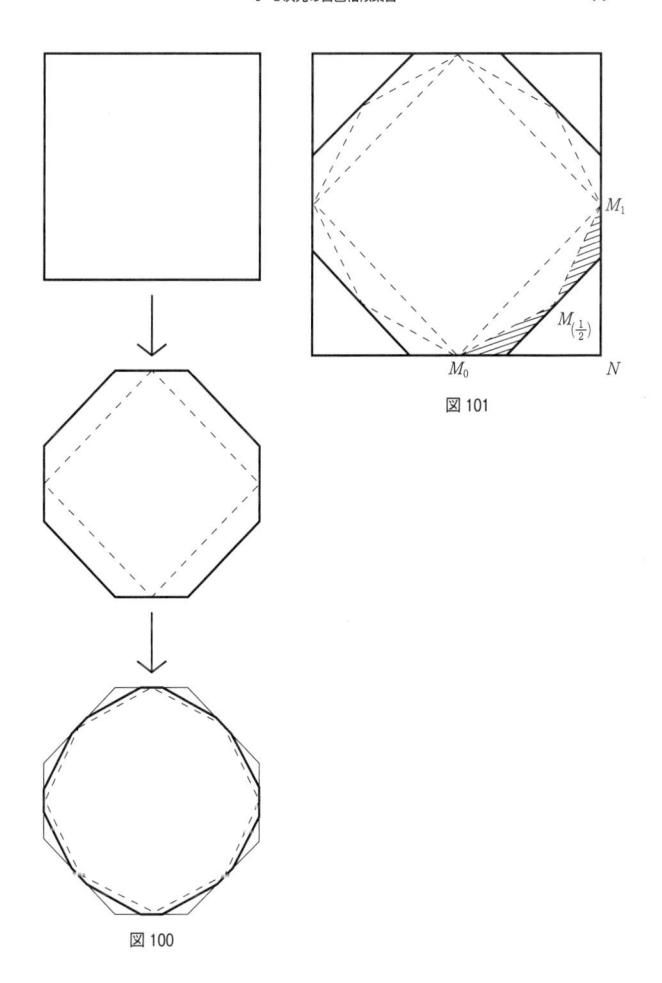

5 2次元の自己相似集合　　173

図 101

図 100

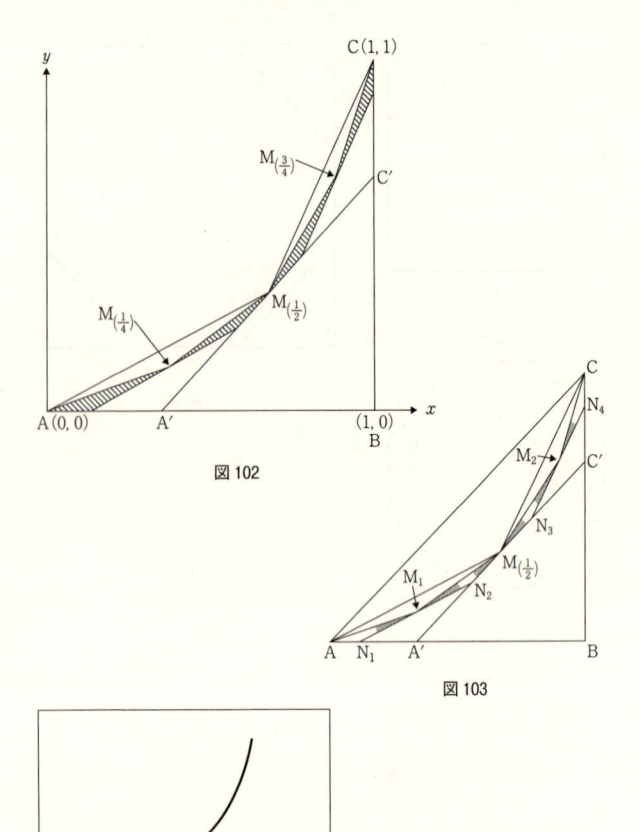

174　　　　　　　　　　第5章　カオスからフラクタルへ

図 102

図 103

図 104

6 ジュリア集合とマンデルブロー集合

 今まで述べた自己相似集合は，全体はいくつかの全体の縮小像がつくり出しているというものであったが，もう少し複雑なものが古くから数学では注目されており，近年，コンピューターの発展とともにそのグラフィックな表現ができてきた．その一つがジュリア集合である．これをまず説明しよう．

 複素変数の代数方程式，
$$f(z) = 0$$
ここで f は z の多項式とするとき，ニュートン法というこの方程式の近似解法がある．それは，
$$z_{n+1} = z_n - \frac{f(z_n)}{f'(z_n)}$$
という漸化式によって，逐次 z_n を求め，それがある p という複素数に収束するならば，それが根をあたえ，十分大きな n はその p の近似値をあたえるわけである．たとえば $f(z)$ が z^2+1 のとき，z_0 を $+i$ または $-i$ の近くにとって，次々とこの漸化式を用いて，$z_1, z_2, z_3, \cdots$ と求めてゆけば z_n はこの i かまたは $-i$ にそれぞれに近づいてゆく．

 こんなときはよいけれども，一般的には，z_0 としてどこから出発すべきであるか，これから求めようとする根の近くといっても，わからない．またどの根にも近づかない出発値 z_0（初期値といってもよい）があるのである．

 そこでこのような z_0 がどんな複素平面上の集合になっ

ているか,それはきわめて奇妙な形をした集合なのである.

コンピューターで,たとえば f として $z^3-1=0$ の根を求めるとき,とにかくこの場合は,上のニュートン法で,三つの根のまわりに小さな円板を設定して,それぞれの円板を二つの色,たとえば黒と白で塗りわけておく.そして 1 回 z_0 に先の漸化式をほどこして,ここに z_1 が入るような z_0 の領域を,黒または白でそれぞれ塗りわける.さらに,もう 1 回ほどこして z_2 が入るものを,少し薄目の色で塗り,次々と塗っていって,いつまでも色の塗れない集合が残ったとき,これがジュリア集合なのである.

ここでは,ドイツの数学者パイトゲンが最近描いたいくつかの例を示しておく(図105, 106).くわしくは巻末の書物の記事で宇敷重広氏のものを見られたい.

次にマンデルブローが,はじめて計算してグラフにした,いわゆるマンデルブロー集合にも自己相似性がみられる.

まず,マンデルブローの集合とはジュリア集合と同じように複素平面で多項式

$$f_\mu(z) = z^2+\mu$$

について,力学系

$$z_{n+1} = f_\mu(z_n)+\mu$$

を考える.ここで μ の値によって,上の力学系の軌道 $\{z_n\}$ の収束などがきまる.これは完全に μ の値と初期値 z_0 によってきまるのである.

図 105　マンデルブロー集合

第5章 カオスからフラクタルへ

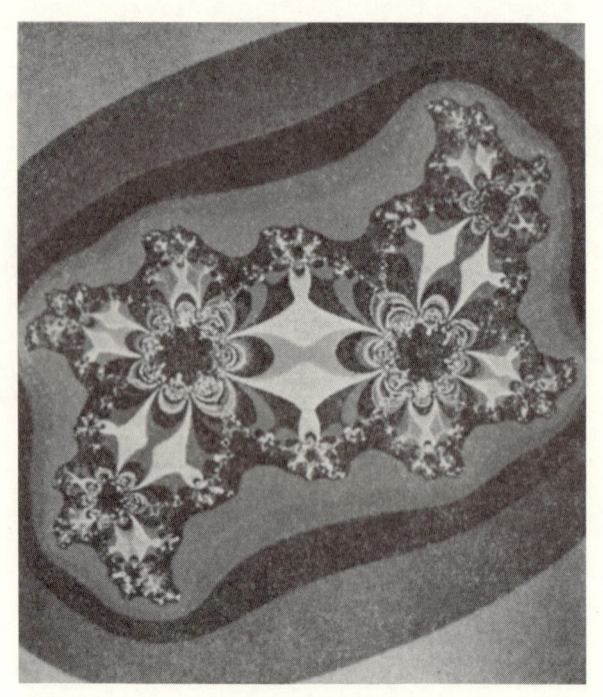

図106 ジュリア集合

6 ジュリア集合とマンデルブロー集合　　179

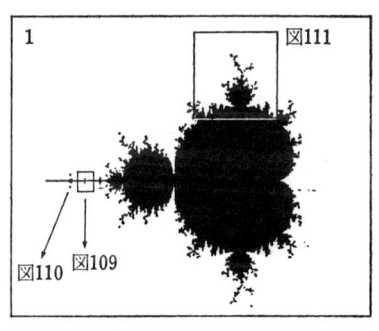

図 107

いま特に z_0 を原点 0 にとって, n が無限に大になっても $\{z_n\}$ が無限に大にならないようなパラメーター μ の値の集合を考え, これをマンデルブローの集合と名づけられている. この図は怪奇をきわめていることを説明する. マンデルブローは, このあやしい図形を世界ではじめて見たのである.

図 107 は京大の宍倉光宏による計算である.

図 108 はマンデルブロー集合の本体の概形であり, 図 107 でかこまれた各部分が図 109, 110, 111 で拡大されている. それぞれ倍率はちがっている. 図 109 は図 108 の 50 倍, 図 110 は図 108 の 2 万倍, 図 111 は図 108 の 20/3 倍である.

第5章 カオスからフラクタルへ

```
MANDELBROT SET

REAL
     -2.500000000
     -0.500000000
      1.500000000

IMAGINARY
     -2.000000000
      0.000000000
      2.000000000

SCALE  2.000000000

ITERATION
      50.

SHISHIKURA
```

図108

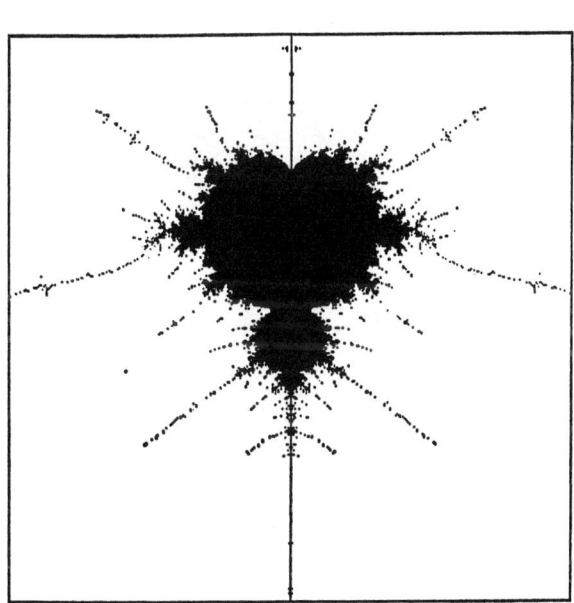

6 ジュリア集合とマンデルブロー集合

```
MANDELBROT SET

REAL
  -1.809999465
  -1.769999504
  -1.729999542

IMAGINARY
  -0.039999990
   0.000000000
   0.039999990

SCALE  0.039999990

ITERATION
  60
                    SHISHIKURA
```

図 109

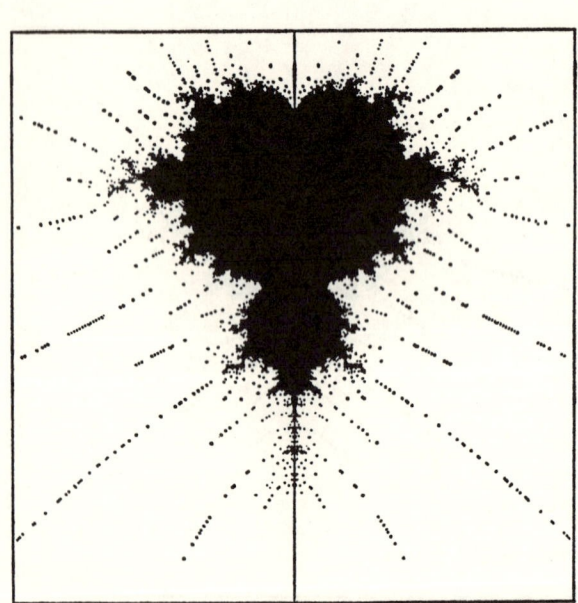

第5章 カオスからフラクタルへ

```
MANDELBROT SET

REAL     -1.985579490
         -1.985479354
         -1.985379219

IMAGINARY -0.000100000
          0.000000000
          0.000100000

SCALE     0.000100000

ITERATION
         85

                          SHISHIKURA
```

図110

6 ジュリア集合とマンデルブロー集合

MANDELBROT SET

REAL
-0.39999904
-0.09999961
0.19999904

IMAGINARY
0.59999904
0.89999904
1.19999809

SCALE
0.29999904

ITERATION
50

SHISHIKURA 図111

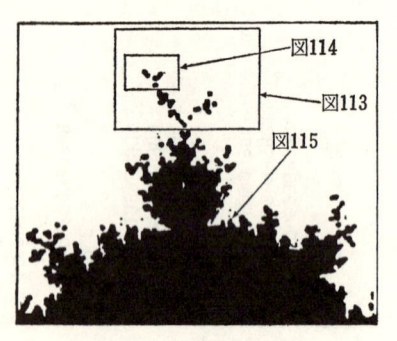

図 112

さらにもう一度図 108 の一部の略図を描いたのが図 112 である．

ここで図 113 は図 108 の 200/7 倍，図 114 は図 108 の 200 倍，図 115 は図 108 の 2000/3 倍である．

いたるところ自己相似があることに気がつかれるであろう．

6 ジュリア集合とマンデルブロー集合

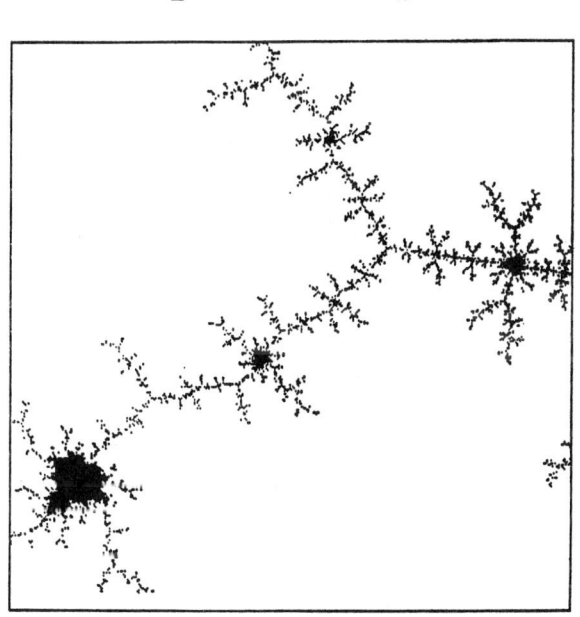

```
MANDELBROT SET

REAL
    -0.189999961
    -0.119999885
    -0.049999990

IMAGINARY
    0.909999942
    0.979999923
    1.049999237

SCALE    0.069999990

ITERATION
    60

SHISHIKURA
```

図113

第5章 カオスからフラクタルへ

```
MANDELBROT SET

REAL
    -0.169999885
    -0.159999942
    -0.149999904

IMAGINARY
     1.022999763
     1.032999992
     1.042999267

SCALE 0.009999996

ITERATION
    90

                        SHISHIKURA
```

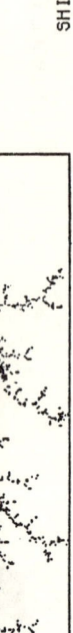

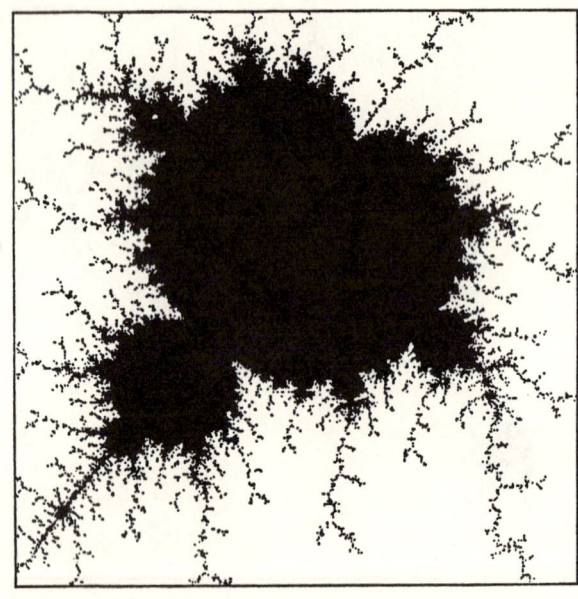

図114

6 ジュリア集合とマンデルブロー集合

図115

```
MANDELBROT SET

REAL
  -0.070999975
  -0.067999954
  -0.064999990

IMAGINARY
  0.647999858
  0.650999927
  0.653999900

SCALE  0.003000000

ITERATION
  400

SHISHIKURA
```

7 ハウスドルフ次元(フラクタル次元)とは

普通に次元というときは,われわれの住んでいる世界は,高さ,幅,奥行きと3つの変数 x, y, z であらわされるので3次元の空間に住んでいるとよくいわれる,この次元である.物理などでは時間の軸を加えて,世界はその変化も考慮すれば,4次元で像が描けるなどともいわれる.また,このことからのアナロジーで「たて,よこ」だけの平面は2次元と呼ばれるし,また直線や線分は,1次元である.

正方形や長方形は2次元だし,立方体や直方体は3次元である.そして数学ではすべての点で接線をもつ連続な曲線であって,任意の曲線上で2点が十分近くにあれば,それぞれの点での接線は見分けのつかないほど,一致に近いようなもの,これを滑らかな曲線ということにすると,たとえば平面上でも,空間内でも滑らかな曲線またはその切れはしの曲線分の次元は1である.同じように考えて,滑らかな曲面は2次元である.

このような次元を位相的次元といい,正確な定義があって,万事うまくいっているようにみえる.ところが,あまりうまくもいっていないことがある.既に1890年にペアノという数学者が,驚くべきことを発見した.連続曲線であって,しかも一つの正方形の面全部を通る曲線である.滑らかな連続曲線の連想から,人は曲線はみな1次元と思いたくなる.ところが正方形を埋めつくす,この場合は先

にいったように2次元である．どうなっているのだろうか？　どうしても滑らかでない連続曲線にも次元を規定するべきであると考えられてきた．ハウスドルフとベシコビッチが1937年に，そのような定義をあたえた．これをハウスドルフ次元またはハウスドルフ-ベシコビッチ次元とも呼ぶ．この次元の定義によれば，先のペアノの曲線は，まちがいなく2次元となる．これと同次に分数次元のものも現われた．たとえば先に述べたカントールの三進集合などは，$\log 2/\log 3 = 0.63\cdots$ 次元となる．

この章の第5節までで述べた自己相似集合で，かつその自己相似に用いられる縮小写像の関数 f_0, f_1 などが1次式のときは割合簡単にこのハウスドルフ次元（これはまたフラクタル次元とも相似次元ともいわれる）が計算できる．一ついい忘れたけれども，この新しい次元を D とすると，はじめに述べた規則正しい図形の場合の普通の次元 D_T とは，そのような規則正しい図形の場合は一致しており，つまり $D=D_T$ でなければならぬ．しかも新しい図形については D が新しい次元として計算できるというものでなくてはならない．

ここではとりつきやすい相似次元を説明しよう．これらは自己相似図形に限られる．一番簡単な自己相似図形は線分である．

第5節で述べたように区間 $[0, 1]$ はこれを N 個に等分することは N 個の図116のような縮小写像を考えること

図 116

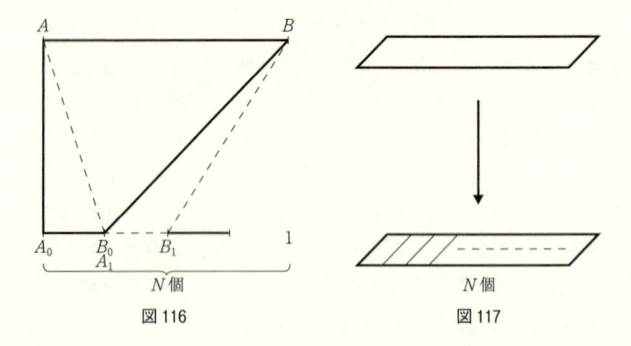

図 117

である．縮小率は $\frac{1}{N}$ であることは明らかである．縮小率は $r(N)$ と書こう．

$$r(N) = \frac{1}{N}$$

同じことを2次元の長方形でやってみよう（図117）．

このとき，各辺の縮小率 $r(N)$ は

$$r(N) = 1/N^{\frac{1}{2}}$$

である．直方体でやってみよう（図118）．

このときは

$$r(N) = 1/N^{\frac{1}{3}}$$

となる．

これでみるように

$$r(N) = 1/N^{\frac{1}{D}}$$

と書くと，線分，長方形，直方体が普通の次元が 1, 2, 3, であるのに応じて，$r(N)$ の式の右辺の分数の中の D が 1, 2,

*N*個

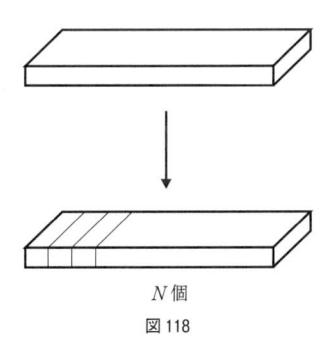

図118

3.である．このことを一般化すると，たとえば第3節で自己相似図形として特徴づけた，たとえばカントールの三進集合では，縮小率は $\frac{1}{3}$ であり，分割数 N は2である．

$$\frac{1}{3} = \frac{1}{2^{\frac{1}{D}}}$$

が成立するような D は，式を変形して

$$2^{\frac{1}{D}} = 3$$
$$2 = 3^D$$

そこで，両辺の自然対数をとれば

$$\log 2 = D \log 3 \Rightarrow D = \frac{\log 2}{\log 3} = 0.66\cdots$$

次にコッホの曲線はどうだろう．この場合は縮小率は $|u| - \frac{1}{4} + \frac{1}{12} = \frac{1}{3}$, 分割数は4だから

$$D = \log N / \log\left(\frac{1}{r}\right) \qquad (*)$$

として相似次元を定義すれば，
$$D = \log 4 / \log 3 = 1.26\cdots$$

（＊）の定義はこのような自己相似図形に限られるが，もっと一般的に定義されているハウスドルフ次元と一致する．

第6章 カオスとフラクタル——今後の展望

　今まで，カオスとフラクタルに関して，数学者としての見方から，いろいろなことを述べてきた．このような研究は，今後どうなるのだろうか．1934年，九鬼周造は『偶然性の問題』という本を書いている．この本では，必然とは「存在がそれ自身に根拠をもつ場合」であり，そうでない存在を偶然とよんでいる．そして数学の確率論も決して偶然そのものについて論じているわけでなく，量子力学も偶然そのものを扱っていない．他の学問は結局必然性のみを論じているが，ただ形而上学だけが「偶然」に学問的にせまることができると述べている．ただこの本は面白く，さまざまな偶然性を分類するなかで，このように一応異なったものとして必然と偶然をとらえながら，いろいろな場面で，この二つが限りなく近づくことを述べている．

　このあたりからカオスやフラクタルとの関連がでてくるように思えてならない．つまり，カオスの研究は，決して偶然性そのものの研究といってはならないが，ある種の偶然性が必然性と近づく場面を，必然性の側から眺めているというべきではないだろうか．

　ここで，この際一ついっておきたいことがある．しばし

ばカオスの定義を,日常よくつかわれる「どうしても理屈がつけられないメチャクチャの状態」というように定義して,カオスの数学はできるはずがない.なぜなら,もしそんな数学ができたとすれば,それは,今の定義から,カオスではあり得ないからである.と,このように述べて,得意顔の数学者がいる.これは彼等の「カオス」の定義が文字通りデタラメであったことを示すだけである.これまでにも示してきたように,カオスの数学が1800年代から,目立たなかったが進められてきたのが,コンピューターのお蔭で,ずいぶんスピードアップされて,継続してゆくことはまちがいない.少し大胆に今後の学問のゆくさきを展望してみよう.

1 数学はどうなるだろうか

もちろん,ジュリア集合やマンデルブロー集合の研究は,このまま進むであろう.おそらく多変数関数論との接触面がでてくるはずである.

さらに望みたいのは,微分方程式との関係である.このことについては,著者と畑政義の仕事は,その第一歩といえるのではないだろうか.第5章「カオスからフラクタルへ」の中で述べた149頁にある高木の関数は連続であるが,いたるところ微分できない.したがって,もちろん,普通の意味での微分方程式の解ではあり得ない.にもかかわらず,有名なポアソン方程式を拡張した一つの差分方程

1 数学はどうなるだろうか

式(無限個の連立)の境界値問題の解となることは，数学的に厳密に証明できる．しかも面白いことには，170頁で述べた奇妙な単調関数(ルベックの関数)も高木関数と同じような，差分方程式の系を適当な境界条件のもとに解いて得られる解なのである．

このように奇妙な関数が，一般化された意味での微分方程式の解であることが判明すると，その相互関係を発見することもできる．たとえばわれわれは，高木関数 $T(x)$ と，奇妙な単調関数である $L_\alpha(x)$ (ルベックの関数)との間に次のような美しい単純な関係があることを発見した．

$$\left.\frac{\partial L_\alpha(x)}{\partial \alpha}\right|_{\alpha=\frac{1}{2}} = 2T(x)$$

このように，今までの数学でとり扱った普通の関数(奇妙でない関数)同士の間に，種々の美しい関係が成り立ったと同様に，奇妙な関数同士の間に美しい関係が成り立つことは，もっとシステマティックに研究されてもよいのではないかと思う．

さしあたり，たとえば，今述べた $T(x)$ 高木関数の2次元版，x と y の関数はどんなものなのか等，研究するべきテーマは多い．今述べた例を少し一般化すれば，よく知られている偏微分方程式の弱い解として，第5章のフラクタルのような界面をもつ解がでてくることを数学として厳密に示すことができれば，大変な成功である．以上で数学については終わる．

2 生物学および生理学との関係

　第2章で,カオスの概念は偶然にも,内田教授の実験およびロバート・メイの数値実験から発見されたことを述べたけれども,内田教授の実験は実験室の中での人工的に管理された実験であり,野外の実験ではない.本当に野外での生物の個体群の変化について,カオス的な個体群の個体数変化は,残念ながらまだ1例も見つかっていない.このことは一つには野外の場合の個体数のカウントのしかたの困難さも一つの原因であるだろうが,もう一つある.その個体群をとりかこむ環境のゆらぎに対して,生物自体がカオス的変化をしても,ちょうどバランスして,観測にかからないのかもしれない.

　カオスの生物における意義については,現在のところ何も確かなものは発見されるまでにいたっていない.しかし,何もわかっていないからこそ,いろいろのことが想像できる.たとえば,生物は自律的に常に一定のゆらぎ(カオス)を発生するしくみがあるのかもしれない.その目的は,たとえば先に述べたような,外部環境からのゆらぎに対応できるためかもしれないし,もっと想像をたくましくすれば,この自律的に発生するゆらぎは,第3章に述べたようなランダムではなくて,たとえばA, Bというただ二つのアルファベットからできるあらゆる順序の列がでてくるのではなく,AとAと二つ続くことは絶対ないという一種の文法の入ったカオスがでてくる.これは一つのその

生物に特有の言語を発生して，それでもって生物は自己をアイデンティファイしているのではないか？　などと，夢のようなことも考えられるのである．

3　物理学にとってのカオス

　第3章で述べたように，もともと，このカオスの概念は熱対流から乱流が生まれる場面から発見されたものであるけれども，それ以来，化学振動，非線形光学，および1800年代から続いている天文学において，重要な運動の一つの分類になっている．今後ますます研究されるであろう．

　フラクタルについては，地理学や天文学以外に，最近は金属の凝集や破壊，さらに放電の問題までに用いられている．
　人文，社会科学についても，この概念は有用だと思うが，そのことについて述べることは差し控えたい．この本によって学ばれた読者が，想像力を駆使してほしい．

参考文献

＊印は，さらにくわしく数学的に勉強したい人のための参考書

「法則としてのカオス」山口昌哉（「創造の世界」1982年2月号）小学館

＊「無限の分岐——カオス」山口昌哉（「入門現代の数学〔1〕非線型の現象と解析」 数学セミナー増刊）日本評論社

＊「一次元と二次元のカオスについて」山口昌哉（「数学」第34巻1982年1月）岩波書店

「解き明かされる『混とん』の世界」山口昌哉（「科学朝日」43巻1983年9月）朝日新聞社

「混沌と生物学」山口昌哉（「化学と生物」21巻12号1983年12月）日本農芸化学会

＊「区間力学系のカオスと周期点」高橋陽一郎（「都立大学数学教室セミナー報告 1980年」）

『フラクタル幾何学』（最新増補版）ベノワ・マンデルブロ，広中平祐監訳 日経サイエンス社，1984年

『不安定性とカタストロフ』J.M.T.トムソン，吉沢修治・柳田英二訳 産業図書，1985年

『フラクタル』（新装版）高安秀樹，朝倉書店，2010年

あとがき

　講談社から，カオスについてのブルーバックスを依頼されたのは，実は，1978 年頃と思う．ただしそのとき，カオスの勉強をはじめたばかりであったので，にべもなく断った．

　今回は，本書を書きたかったのでお引受けし，やっと刊行にこぎつけた．

　編集者，大江千尋さんに感謝したい．この機会を借りて，研究室の人々，およびこの研究室出身の宇敷重広氏に，協同研究の労を感謝したい．

　なお，本書第 2 章の生態学の系譜については次の書籍を参考にした．

　G. Eveline Hutchinson "*An Introduction to Population Ecology*" Yale University Press, 1978.

山 口 昌 哉

解説 「カオスとフラクタル」今昔

合原一幸

　カオスとフラクタルは，私が世界を見る眼を大きく変えた．そのひとつのきっかけは，修士課程2年生のときに読んだ山口昌哉先生のカオスの解説論文だった．

　このカオスとフラクタルの概念は，1970年代中頃から1980年代初めにかけて，世の中に広く知られるようになり，それ以降も科学や技術に大きなインパクトを与え続けている．特に，初期値がわずかにずれると，そのずれがどんなに小さなものでも，その影響が時間とともにほぼ指数関数的に大きく拡大していくという，カオスの「初期値に対する鋭敏な依存性」，いわゆる「バタフライ効果」は，多くの人々を驚かせた．そして，小説や映画などでも，しばしば取り上げられている．

　私たちが気軽に「実数 x」と書くとき，その含意するところがいかに深いものであるかを，このバタフライ効果はあらためて強烈に印象づけたのであった．すなわち，ほとんどすべての実数は無理数であり，それを正確に表現するためには，小数点以下無限の桁数を必要とする．他方で，私たちが具体的に取り扱うことのできる数は常に有限桁数

の近似値であり，本来の無理数とはほんの少しだが値が異なる．このわずかなずれの影響が，現実問題としてとてつもなく大きなものとなってしまうことを，カオスは私たちにその明快なからくりも含めて教えてくれたのであった．

カオスの本質をいち早く見抜き，「バタフライ効果」という言葉の起源となる研究を行なったアメリカの気象学者エドワード・N・ローレンツは，この現象を発見したとき，実際の気象がもしもこのようなバタフライ効果を持つのだとしたら，もはや天気の長期予報は不可能だと実感した，という趣旨のことを述べている．

ちなみに，ローレンツ自身が「バタフライ効果」について初めて直接言及したのは，1972年12月29日に，「予測可能性：ブラジルの一頭の蝶の羽のはばたきが，テキサスに竜巻を起こすだろうか？」と題して行なった講演においてであったようだ．最近では，バタフライ効果の説明として，「北京の蝶の羽ばたきが，ニューヨークで嵐を起こす」などというたとえ話が出てくるので，バタフライ効果のたとえ話自体がバタフライ効果を持って大げさになってきているような感じがする．ちなみに，これらの話はあくまでも，カオス特有の「初期値に対する鋭敏な依存性」を一般向けにわかりやすく説明するためのたとえ話である．

カオスやフラクタルが教えてくれたという意味では，「2次関数の重要性」という側面も忘れることができない．「2次方程式の解の公式を昔学校で覚えさせられたが，役に立ったためしがない」というのは，ちまたで多くの方からよ

く耳にする不満である．しかしながら，カオスやフラクタルの基本的かつ本質的な特性は，2次関数を用いて理解できるものなのである．なぜなら，2次関数が最も単純な非線形性を数学的に表現するものであるからであり，そしてカオスとフラクタルは典型的な非線形現象であるからである．

*

さて，山口昌哉先生による本書『カオスとフラクタル』は，カオスやフラクタル研究の黎明期に出版され，研究者のみならず一般の読者にも大きな影響を与えた名著である．本書を高校生や大学生の時に読んでカオスやフラクタルに興味を持ち，大学院で私の研究室に進学してきた大学院生も少なくない．

本書は，カオスとフラクタルの概念を，その数学的背景や研究の歴史的経緯も含めてたいへん丁寧に解説するとともに，カオスやフラクタルと諸分野との関連も広く述べられている．その充実した内容は，今日でもまったく色あせていない．「カオスとフラクタルとは何か？」を知るための絶好の入門書となっている．

カオスとフラクタルに関する研究は，本書出版以降大きく発展し，いわゆる非線形科学の中心概念としてますますその重要性を増してきている．また本書にも登場する，フラクタルの命名者のブノワ・B・マンデルブロー博士とカオスの命名者ジェームズ・A・ヨーク博士に，2003年の日

本国際賞が授与されている．たまたま本解説文を執筆中に，マンデルブロー博士の訃報に接した．彼は，フラクタルのみならず経済物理学や神経科学においても先駆的で独創的な業績を残した．マンデルブロー博士のご逝去はたいへん残念なことであるが，時間の経過とともにこのカオスとフラクタルをめぐる分野も日々着実に進歩を続けているのだ．

　本書のユニークな特徴のひとつは，上田睆亮博士（当時，京都大学工学部）のジャパニーズアトラクタやルドルフ・カルマン博士の非線形サンプル値制御系のカオスなど，カオスと工学との先駆的関わりを論じている点である．特に，冒頭の「非線形の法則」の節で説明されている，「線形と非線形の区別が科学者の間に認識されるようになったひとつの契機として，ワットの蒸気機関の大型化に伴なう不安定化問題に対処するための非線形性の考察があった」という内容は，数理工学者である私にとってとりわけ興味深いものである．

　　　　　　　　　　　＊

　この世の中に存在するダイナミズム，動的な現象を取り扱う学問分野の代表は，数学における力学系理論と工学における制御理論であろう．ところが，このダイナミズムに関する二大理論分野は，ほぼ独立に各々大きく成長してきていて，残念ながら両者の交流はほとんどないのが現状である．その背景には，各々の理論研究の成立と発展に関す

る歴史的経緯があるように思われる.

力学系理論の源流は，17世紀のアイザック・ニュートンの研究までさかのぼる．彼は，微分積分学を創始するとともに，天体の動きを万有引力の法則と運動方程式を用いて定式化し，2体問題を見事に解くことによって，当時経験的に知られていたケプラーの3法則を理論的に導いた．じつに創造性の高い研究であり，ニュートンにより，この世の中の現象を数理モデル化し，場合によっては現象の将来をすら予測するという自然科学のひとつの方法論が確立されたと言えよう．

ここで注意すべき点は，このニュートンの運動方程式は「非線形」であり，3体問題ですでにカオスが生成されうることからもわかるように，本質的に「不安定性」を内在していることである．また，天体が対象の天体力学には，そもそも制御入力は存在しないので「自律系」である．

力学系理論は，その後アンリ・ポアンカレなどの大きな貢献もあって，大きく発展し現在に至っている．特に，解の安定性の変化や解構造の定性的変化を解析する分岐理論や，実在するシステムから観測された時系列データをもとにして対象とするシステムの非線形ダイナミクスを解析する非線形時系列解析理論は，たんに理論研究のみならずさまざまな応用研究に不可欠な基盤となっている．この力学系理論の主要な特徴は，大きく言えば，上述のように，「非線形」，「不安定性」，「自律系」と言うことができよう．

他方で，制御理論の源流は，前述した18世紀の産業革命

後に顕在化した，ワットの蒸気機関の調節装置を安定化するという問題からスタートしている．マクスウェル方程式で有名なジェームズ・クラーク・マクスウェルは，あまり知られていないかもしれないがじつは制御理論の創始者のひとりでもある．その後，種々の産業や工業技術の著しい進歩に伴なって，制御理論も大きく進化してきている．

制御理論の目的は，今日でも基本的にはその出発時点と同様で，対象システムの安定性を担保することであり，そのために強力で美しい線形制御理論が体系化されツール化されている．制御理論の原点には，山口先生が本書で解説されているように蒸気機関の大規模化に付随した非線形性があったのだが，現代の制御理論は基本的に線形理論に立脚しているのである．また，制御においては，当然制御入力や目標値入力を駆使するので，この意味で非自律系であるとも言えよう．したがって制御理論の主要な特徴は，「線形」，「安定性」，「非自律系」である．

このように見てくると，「非線形」，「不安定性」，「自律系」を特徴とする力学系理論と，「線形」，「安定性」，「非自律系」を特徴とする制御理論は，互いに相補的であることがわかる．すなわち，力学系理論と制御理論は，対照的な内容で，かつ相互作用がほとんどない状態で，各々異なる方向に大きく発展してきているのである．

もちろん，20世紀において，本書にも出てくるリェフ・セミョーノヴィチ・ポントリャーギンの最大原理やルドルフ・カルマンの非線形サンプル値制御系のカオス，さらに

はエドワード・オット，セルソ・グレボジ，ジェイムズ・ヨークによるカオスの中に無限個存在する不安定周期解を安定化するOGY（オット，グレボジ，ヨークの頭文字を並べたもの）制御など，力学系理論と制御理論の双方に関連する特筆すべき優れた研究もいくつか存在するが，これらを融合するための本格的な研究はほとんど行なわれていないのが現状である．

そこで現在，私たちのグループでは，力学系理論と制御理論を本格的に融合する研究に取り組んでいる．この融合により，力学系理論と制御理論の双方がさらに大きく成長することが期待されるからである．

*

次に，カオスの工学応用を目指す研究分野として，私たちが開拓してきた「カオス工学（chaos engineering）」を紹介しておこう．カオスの工学応用のわかりやすい例としては，カオスの家電製品への応用をあげるのがよいだろう．エアコン，石油ファンヒーター，食器洗い機，電子レンジなどの家電製品にカオスが既に応用されている．カオスは，決定論的法則に従って不規則に変動するので，技術的に取り扱いやすい「ゆらぎ」の生成メカニズムともなりえるからである．

カオスの応用という意味では，人類は昔からカオスを利用してきている．それは，本書でも「パイこね変換」として紹介されている，カオスの混合作用の利用である．カオ

ス工学は，より広範なカオス応用を視野に入れて，カオス，フラクタル，さらには複雑ネットワーク，複雑系と関連した工学的基礎理論の構築と応用技術の開発をめざす学問基盤の総称である．

カオス研究，そしてカオス工学の進歩によって，ホメオスタシス（静的恒常性維持機能）からホメオダイナミクス（動的恒常性維持機能）へ，コントロールからハーネシングへ，確率論的予測から決定論的予測へ，そして有理数上の計算から実数上の計算へと，工学の基本概念，基礎理論上のさまざまなパラダイムシフトが示唆された．

さらに，具体的なカオス応用技術に関しても，たとえば，カオスコンピューティングのためのアナログ集積回路，ベータ写像（本書の図5の写像ψの傾きを1と2の間になるように修正した写像）を用いた高機能 AD/DA 変換，さらには風況データのカオス時系列予測とその風力発電制御への応用など，多様なカオス工学の新展開が見られる．

他方で，カオスと生命システムとの関係に関する基礎研究も大きく進展してきている．以前，山口先生，哲学者の黒崎政男氏（東京女子大学）と私の3人で鼎談する機会があった．その際山口先生は，「五十歳の時にカオスに出会い，生きている世界を表わすことができる数学かもしれないと感じて，それからは人生が変わった」ということをおっしゃった．山口先生の父親の日本画家・山口華楊氏は生き物の絵をたくさん描いておられるが，その影響もあったのかもしれない．

ちなみに黒崎氏は，本書の最後に出てくる九鬼周造についての議論の重要性を指摘されていた．なぜ秩序のない状態というイメージがあるカオスに「決定論的」という形容詞がついて「決定論的カオス」となるのかが，必然性と偶然性に関わるじつに面白い哲学的問題であるのだという．

　生命システムの各構成要素は，一般に強い非線形性と非平衡性を有している．したがって，そこではカオス的振る舞いが自然に生み出されることが予想される．たとえば，故松本元先生と私たちの研究で，ヤリイカの巨大神経膜がカオスを生み出すことが，実験的かつ理論的に明らかになった．脳をはじめとした生命システムにおけるカオスと機能との関係の本格的な解明は，今世紀科学のたいへん重要な研究課題であるように思われる．

　山口先生は 1998 年のクリスマスイブに残念ながらご逝去された．年が明けた元旦に，律儀な山口先生らしく年賀状が届いた．そこには，「昨年漸く，五十年の数学教師生活を終わり，今は一週一度，文系の人達にカオスを教えております」とあった．

　まさに本書の最後にあるように，人文，社会科学におけるカオスとフラクタルの有用性に関する考察は，読者諸氏に託されたのだと言えよう．そして，本書のカオスとフラクタルへの入門書としてのきらめきは，今後も決してかわることはないであろう．

＊

なお，本書の記述には，詳細に読むと厳密には不完全であったり不正確である箇所が結構ある．完全さや正確さを多少犠牲にしても，読者にカオスとフラクタルの大筋をご理解いただきたいというのが山口先生のお考えだと私は思う．山口先生は，そういうおおらかな先生だった．そういえば，「著者校正ゲラをお願いしたら手つかずで戻ってきた」と，ある出版社の編集者からお聞きしたことがある．

　こういった背景も考えて，今回本書の記述に関していくつかの訂正は加えたが，山口先生の原文を尊重して細かな訂正はあえて控えた．山口先生らしい自然でやわらかな記述の流れを，そのまま保存したかったからである．よく知られているように，山口先生門下からは，数学のみならず脳科学や生命科学などさまざまな分野でも活躍する個性あふれる研究者たちが，まさにきら星のごとく輩出している．読者の皆さんには山口先生のお弟子さんになった気持ちで，ぜひ問題のあり得る箇所を発見して独自の理解を深めていただきたい．

　末筆ながら，これらの訂正に関して相談につきあっていただいた，京都大学の國府寛司さん，宍倉光広さん，畑政義さん，東京大学の鈴木秀幸さんに感謝申し上げる．

2010 年 10 月

　　　　　　　　　　（あいはら・かずゆき　東京大学教授，
　　　　　　　　　　同最先端数理モデル連携研究センター長）

索引

アトラクター ………………………… 119
エントロピー ………………………… 143
カオス ………………………………… 105
カオスの予言 ………………………… 140
記号列 ………………………………… 36
軌道（オービット） ………………… 21
コッホの曲線 ………………………… 152
シャルコフスキーの定理 …………… 109
初期条件 ……………………………… 18
初期値 ………………………………… 18
自己相似図形 ………………………… 155
ジュリア集合 ………………………… 175
ストレインジアトラクター ………… 119
像 ……………………………………… 29
高木関数 ……………………………… 150
ハウスドルフ次元 …………………… 188
馬蹄力学系 …………………………… 128

パイこね変換の力学系 …………… 24
非線形 ………………………………… 13
微分方程式 …………………………… 14
ファイゲンバウムの予想 ………… 114
フラクタル …………………………… 153
フラクタル次元 ……………………… 188
ホモクリニック ……………………… 131
マンデルブロー集合 ………………… 175
乱流 …………………………………… 91
リー‐ヨークの条件 ……………… 102, 103
リー‐ヨークの定理 ……………… 101, 102
離散力学系 …………………………… 22
ルベックの特異関数 ………………… 170
連続力学系 …………………………… 22
ロジスティック方程式 ……………… 58
ワイエルシュトラス関数 …………… 150

本書は、一九八六年六月二十日、講談社より刊行された。

幾何学の基礎をなす仮説について	ベルンハルト・リーマン 菅原正巳訳	相対性理論の着想の源泉となった、リーマンの記念碑的講演。ヘルマン・ワイルの格調高い序文・解説とミンコフスキーの論文「空間と時間」も収録。
新 物理の散歩道 第2集	ロゲルギスト	ゴルフのバックスピンは芝の状態に無関係、昆虫の羽ばたき、コマの不思議、流れ模様など意外な展開と多彩な話題の科学エッセイ。(呉智英)
新 物理の散歩道 第3集	ロゲルギスト	高熱水蒸気の威力、魚が銀色に輝くしくみ、「物が起ちあがる力学」。身近な現象にひそむ意外な「物の理」を探求するエッセイ。(米沢富美子)
新 物理の散歩道 第5集	ロゲルギスト	クリップで蚊取線香の火が消し止められる？ バイオリンの弦の動きを可視化する顕微鏡とは…？ 噛みごたえのある物理エッセイ。(鈴木増雄)
宇宙創成はじめの3分間	S・ワインバーグ 小尾信彌訳	ビッグバン宇宙論の謎にワインバーグが挑む！ 開闢から間もない宇宙の姿を一般の読者に向けて明快に論じた科学読み物の古典。解説＝佐藤文隆
ワインバーグ量子力学講義 (上)	S・ワインバーグ 岡村浩訳	ノーベル物理学賞受賞者が後世に贈る、晩年の名講義。上巻は歴史的展開や量子力学の基礎的原理、スピンなどについて解説する。本邦初訳。
ワインバーグ量子力学講義 (下)	S・ワインバーグ 岡村浩訳	「対称性」に着目した、エレガントな論理展開。下巻では近似法、散乱の理論などから量子鍵配送や量子コンピューティングの最近の話題まで。
精神と自然	ヘルマン・ワイル ピーター・ペジック編 岡村浩訳	数学・物理・哲学に通暁し深遠な思索を展開したワイル。約四十年にわたる歩みを講演ならではの読みやすい文章で辿る。年代順に九篇収録、本邦初訳。
シンメトリー	ヘルマン・ワイル 冨永星訳	芸術から生物など、様々な事物に見られる対称性＝シンメトリーに潜む数学的原理とは。世界的数学者による最晩年の名講義を新訳で。(落合啓之)

数学文章作法 基礎編	結城浩	レポート・論文・プリント・教科書など、数式まじりの文章を正確で読みやすいものにするには？『数学ガール』の著者がそのノウハウを伝授！
数学文章作法 推敲編	結城浩	ただ何となく推敲していませんか？語句の吟味・全体のバランス・レビューなど、文章をより良くするために効果的な方法を、具体的に学びましょう。
数学序説	吉田洋一 赤攝也	数学は嫌いだ、苦手だという人のために。幅広いトピックを歴史に沿って解説。刊行から半世紀以上にわたって読み継がれてきた数学入門のロングセラー。
ルベグ積分入門	吉田洋一	リーマン積分ではなぜいけないのか。反例を示しつつ、ルベグ積分誕生の経緯と基礎理論を丁寧に解説。いまだ古びない往年の名教科書。
微分積分学	吉田洋一	基本事項から初等関数や多変数の微積分、微分方程式などを、具体例と注意すべき点を挙げて丁寧に叙述。長年読まれ続けてきた大定番の入門書。
数学の影絵	吉田洋一	数学の抽象概念は日常の中にこそ表裏する。数学の影を澄んだ眼差しで観照し、中にある知の広がりを軽妙に綴った珠玉のエッセイ。
私の微分積分法	吉田耕作	ニュートン流の考え方にならい、積分法がどのように展開される？ 対数・指数関数、三角関数から微分方程式・数値計算の話題まで。
力学・場の理論	E・M・リフシッツ／水戸巌ほか訳	圧倒的に名高い『理論物理学教程』に、ランダウ自身が構想した入門篇があった！ 幻の名著『小教程』がいまよみがえる。
量子力学	L・D・ランダウ／E・M・リフシッツ／好村滋洋／井上健男訳	非相対論的量子力学から相対論的理論までを、簡潔で美しい理論構成で登る入門教科書。大教程2を補完するもとに新構想の別版。

思想の中の数学的構造	山下正男	レヴィ゠ストロースと群論？ ニーチェやオルテガの遠近法主義、ヘーゲルと解析学、孟子と関数概念……。数学的アプローチによる壮大な科学史。
熱学思想の史的展開 1	山本義隆	熱の正体は？ その物理的特質とは？『熱力学入門書の発見』の著者による壮大な科学史。全面改稿。
熱学思想の史的展開 2	山本義隆	熱力学はカルノーの一篇の論文に始まり骨格が完成した。熱素説に立ちつつも、時代に半世紀も先行していた。理論のヒントは水車だったのか？
熱学思想の史的展開 3	山本義隆	隠された因子、エントロピーがついにその姿を現わす。そして重要な概念が加速的に連結し熱力学が体系化されていた。格好の入門篇。全3巻完結。
重力と力学的世界（上）	山本義隆	〈重力〉理論完成までの思想的格闘の跡を丹念に辿り、先人の思考の核心に肉薄する壮大な力学史。上巻は、ケプラーからオイラーまでを収録。
重力と力学的世界（下）	山本義隆	西欧近代において、古典力学はいかなる世界を発見し、いかなる世界像を作り出し、そして何を切り捨ててきたのか。歴史形象としての古典力学。
数学がわかるということ	山口昌哉	非線形数学の第一線で活躍した著者が〈数学とは〉〈私の数学〉を楽しげに語る異色の数学入門書。（野﨑昭弘）
カオスとフラクタル	山口昌哉	ブラジルで蝶が羽ばたけば、テキサスで竜巻が起こる？……カオスやフラクタルの非線形数学の不思議をさぐる本格的入門書。（合原一幸）
大学数学の教則	矢崎成俊	高校までの数学と大学の数学では、大きな断絶がある。この溝を埋めるべく企図された、自分の中の数学を芽生えさせる、「大学数学の作法」指南書。

ユークリッドの窓
レナード・ムロディナウ　青木 薫 訳

平面、歪んだ空間、そして……。幾何学的世界像は今なお変化し続ける。『スタートレック』の脚本家が誘う三千年のタイムトラベルへようこそ。

ファインマンさん 最後の授業
レナード・ムロディナウ　安平文子 訳

科学の魅力とは何か? 創造とは、そして死とは? 老境を迎えた大物理学者との会話をもとに書かれた、珠玉のノンフィクション。(山本貴光)

生物学のすすめ
ジョン・メイナード=スミス　木村武二 訳

現代生物学では何が問題になるのか。20世紀生物学に多大な影響を与えた大家が、複雑な生命現象を理解するためのキーポイントを易しく解説。

現代の古典解析
森 毅

おなじみ一刀斎の秘伝公開! 極限と連続に始まり、指数関数と三角関数を経て、偏微分方程式に至る。見晴らしのきく読み切り22講義。

ベクトル解析
森 毅

1次元線形代数学から多次元へ、1変数の微積分から多変数へ。応用面とは異なる、教育的重要性を軸に展開するユニークなベクトル解析のココロ。

対談 数学大明神
安野光雅・森 毅

数楽的センスの大饗宴! 読み巧者の数学者と数学ファンの画家が、とめどなく繰り広げる興趣つきぬ数学談義。(河合雅雄・亀井哲治郎)

線型代数
森 毅

理工系大学生必須の線型代数を、その生態のイメージと意味のセンスを大事にしつつ、基礎的な概念をひとつひとつユーモアを交え丁寧に説明する。

新版 数学プレイ・マップ
森 毅

一刀斎の案内で数の世界に歩き、勝手に遊ぶ数学エッセイ。「微積分の七不思議」「数学の大いなる流れ」他三篇を増補。(亀井哲治郎)

フィールズ賞で見る現代数学
マイケル・モナスティルスキー　眞野元 訳

「数学のノーベル賞」とも称されるフィールズ賞。その誕生の歴史、および第一回から二〇〇六年までの歴代受賞者の業績を概説。

科学と仮説	アンリ・ポアンカレ 南條郁子訳	科学の要件とは何か？ 仮説の種類と役割とは？ 数学とシンクロしあう多様な問題に、関連しあう多様な問題を論じる。規約主義をはじめて打ち出した科学哲学の古典。
フラクタル幾何学（上）	B・マンデルブロ 広中平祐監訳	「フラクタルの父」マンデルブロの主著。膨大な資料を基に、地理・天文・生物などあらゆる分野から事例を収集・報告したフラクタル研究の金字塔。
フラクタル幾何学（下）	B・マンデルブロ 広中平祐監訳	「自己相似」が織りなす複雑で美しい構造。その数理とフラクタル発見までの歴史を豊富な図版とともに紹介。
現代数学序説	松坂和夫	集合をめぐるパラドックス、ゲーデルの不完全性定理からファジィ論理、P=NP問題などの現代的な話題まで。大家による入門書。
数学基礎論	竹内外史	「集合・位相入門」などの名教科書で知られる著者による、懇切丁寧な入門書。組合せ論・初等数論を中心に、現代数学の一端に触れる。（田中一之）
不思議な数eの物語	E・マオール 伊理由美訳	自然現象や経済活動に頻繁に登場する超越数e。この数の出自と発展の歴史を描いた一冊。ニュートン、オイラー、ベルヌーイ等のエピソードも満載。（荒木秀男）
フォン・ノイマンの生涯	ノーマン・マクレイ 渡辺正／芦田みどり訳	コンピュータ、量子論、ゲーム理論など数多くの分野で絶大な貢献を果たした巨人の足跡をたどり、「人類最高の知性」に迫る。ノイマン評伝の決定版。
工学の歴史	三輪修三	オイラー、モンジュ、フーリエ、コーシーらは数学者であり、同時に工学の課題に方策を授けていた。「ものづくりの科学」の歴史をひもとく。
関数解析	宮寺功	偏微分方程式論などへの応用をもつ関数解析。バナッハ空間論からベクトル値関数、半群の話題まで、そのの基礎論を過不足なく丁寧に解説。（新井仁之）

数理物理学の方法
J・フォン・ノイマン
伊東恵一編訳

多岐にわたるノイマンの業績を展望するための文庫オリジナル編集。本巻は量子力学・統計力学など物理学の重要論文四篇を収録。

作用素環の数理
J・フォン・ノイマン
長田まりゑ編訳

終戦直後に行われた講演「数学者」と、「作用素環について」Ⅰ〜Ⅳの計五篇を収録。一分野としての作用素環論を確立した記念碑的業績を網羅する。

新・自然科学としての言語学
福井直樹

気鋭の文法学者によるチョムスキーの生成文法解説書。文庫化にあたり旧著を大幅に増補改訂し、付録として黒田成幸の論考「数学と生成文法」を収録。

電気にかけた生涯
藤宗寛治

実験・観察にすぐれたファラデー、電磁気学によってまとめたマクスウェル、ほかにクーロンやオームなど科学者十二人の列伝を通して電気の歴史にふれる。

科学の社会史
古川安

大学、学会、企業、国家などと関わりながら「制度化」の歩みを進めて来た西洋科学。現代に至るまでの約五百年の歴史を概観した定評ある入門書。

ロバート・オッペンハイマー
藤永茂

マンハッタン計画を主導し原子爆弾を生み出したオッペンハイマーの評伝。多数の資料をもとに、政治に翻弄・欺かれた科学者の愚行と内的葛藤に迫る。

科学的探究の喜び
二井將光

何を知り、いかに答えを出し、どう伝えるか。そのプロセスとノウハウを独創的研究をしてきた生化学者が具体例を挙げ伝授する。文庫オリジナル。

πの歴史
ペートル・ベックマン
田尾陽一／清水韶光訳

円周率だけでなく意外なところに顔を出すπ。ユークリッドやアルキメデスによる探究の歴史に始まり、オイラーの発見したπの不思議にいたる。

やさしい微積分
L・S・ポントリャーギン
坂本實訳

微積分の基本概念・計算法を全盲の数学者がイメージ豊かに解説。版を重ねて読みつがれる定番の入門教科書。練習問題・解答付きで独習にも最適。

相対性理論(下) W・パウリ 内山龍雄訳

アインシュタインが絶賛し、物理学者内山龍雄をしてでも研究を措いても訳したかったと言わしめた、相対論三大名著の一冊。(細谷暁夫)

調査の科学 林知己夫

消費者の嗜好や政治意識を測定するとは？ 集団特性の数量的表現の解析手法を開発した統計学者による社会調査の論理と方法の入門書。(吉野諒三)

インドの数学 林隆夫

ゼロの発明だけでなく、数表記法、平方根の近似公式、順列組み合せ等大きな足跡を残してきたインドの数学を古代から16世紀まで原典に則して辿る。

幾何学基礎論 D・ヒルベルト 中村幸四郎訳

20世紀数学全般の公理化への出発点となった記念碑的著作。ユークリッド幾何学を根源まで遡り、斬新な観点から厳密性に基礎づける。(佐々木力)

素粒子と物理法則 R・P・ファインマン／S・ワインバーグ 小林澈郎訳

量子論と相対論を結びつけるディラックのテーマを対照的に展開したノーベル賞学者による追悼記念講演。現代物理学の本質を堪能にできる三重奏。

ゲームの理論と経済行動Ⅰ(全3巻) ノイマン／モルゲンシュテルン 銀林／阿部／橋本／宮本監訳 阿部修一訳

今やさまざまな分野への応用いちじるしい「ゲーム理論」の嚆矢とされる記念碑的著作。第Ⅰ巻はゲームの形式的記述とゼロ和2人ゲームについて。

ゲームの理論と経済行動Ⅱ ノイマン／モルゲンシュテルン 銀林／橋本／宮本監訳 橋本和美訳

第Ⅰ巻でのゼロ和2人ゲームの考察を踏まえ、第Ⅱ巻ではプレイヤーが3人以上のゼロ和ゲーム、およびゲームの合成分解について論じる。

ゲームの理論と経済行動Ⅲ ノイマン／モルゲンシュテルン 銀林／橋本／宮本監訳 下島英忠訳

第Ⅲ巻では非ゼロ和ゲームにまで理論を拡張。これまでの数学的結果をもとにいよいよ経済学的解釈を試みる。全3巻完結。

計算機と脳 J・フォン・ノイマン 柴田裕之訳

脳の振る舞いを数学で記述することは可能か？ 現代のコンピュータの生みの親でもあるフォン・ノイマン最晩年の考察。新訳。(野崎昭弘)

書名	著者/訳者	内容
オイラー博士の素敵な数式	ポール・J・ナーイン 小山信也 訳	数学史上最も偉大で美しい式を無限級数の和やフーリエ変換、ディラック関数などの歴史的側面を説明した後、計算式を丁寧に解説した入門書。
遊歴算家・山口和「奥の細道」をゆく	鳴海 風 高山ケンタ 画	全国を旅し数学を教えた山口和。彼の道中日記をもとに数々のエピソードや数学愛好者の思いを描いた和算時代小説。文庫オリジナル。
不完全性定理	野﨑昭弘	事実・推論・証明……。理屈っぽいとケムたがられなるのを納得させながらも、ユーモアたっぷりにゲーデルへの超入門書。(上野健爾)
数学的センス	野﨑昭弘	美しい数学とは詩なのです。いまさら数学者にはなれないけれどそれを楽しめたら……。そんな期待に応えるエッセイ風数学再入門。
高等学校の確率・統計	黒田孝郎／森毅 小島順／野﨑昭弘ほか	成績の平均や偏差値はおなじみでも、実務の水準とは隔たりが！ 基礎からやり直したい人のために伝説の検定教科書を指導書付きで復活。
高等学校の基礎解析	黒田孝郎／森毅 小島順／野﨑昭弘ほか	わかってしまえば日常感覚に近いものながら、数学挫折のきっかけの微分・積分。その基礎を丁寧にひもといた入門のための検定教科書第2弾！
高等学校の微分・積分	黒田孝郎／森毅 小島順／野﨑昭弘ほか	高校数学のハイライト微分・積分ー！ その入門コース『基礎解析』に続く本格コースの学習からほど遠い、特色ある教科書の文庫化第3弾。
算数・数学24の真珠	野﨑昭弘	算数・数学には基本中の基本〈真珠〉とよぶべきエッセンスを優しい語り口で説く。ゼロ、円周率、＋と－、無限……。数学の考え方がある。(亀井哲治郎)
数学の楽しみ	テオニ・パパス 安原和見 訳	ここにも数学があった！ 石鹸の泡、くもの巣、雪片曲線、一筆書きパズル、魔方陣、DNAらせん……。イラストも楽しい数学入門150篇。

カオスとフラクタル

二〇一〇年十二月十日　第一刷発行
二〇二四年三月五日　第四刷発行

著　者　山口昌哉（やまぐち・まさや）
発行者　喜入冬子
発行所　株式会社筑摩書房
　　　　東京都台東区蔵前二-五-三　〒一一一-八七五五
　　　　電話番号　〇三-五六八七-二六〇一（代表）
装幀者　安野光雅
印　刷　株式会社精興社
製本所　株式会社積信堂

乱丁・落丁本の場合は、送料小社負担でお取り替えいたします。
本書をコピー、スキャニング等の方法により無許諾で複製することは、法令に規定された場合を除いて禁止されています。請負業者等の第三者によるデジタル化は一切認められていませんので、ご注意ください。
© KAZUKO YAMAGUCHI 2010　Printed in Japan
ISBN978-4-480-09337-0 C0141

ちくま学芸文庫